Manual para a elaboração de projetos e relatórios de pesquisas, teses, dissertações e monografias

O GEN | Grupo Editorial Nacional – maior plataforma editorial brasileira no segmento científico, técnico e profissional – publica conteúdos nas áreas de ciências exatas, humanas, jurídicas, da saúde e sociais aplicadas, além de prover serviços direcionados à educação continuada e à preparação para concursos.

As editoras que integram o GEN, das mais respeitadas no mercado editorial, construíram catálogos inigualáveis, com obras decisivas para a formação acadêmica e o aperfeiçoamento de várias gerações de profissionais e estudantes, tendo se tornado sinônimo de qualidade e seriedade.

A missão do GEN e dos núcleos de conteúdo que o compõem é prover a melhor informação científica e distribuí-la de maneira flexível e conveniente, a preços justos, gerando benefícios e servindo a autores, docentes, livreiros, funcionários, colaboradores e acionistas.

Nosso comportamento ético incondicional e nossa responsabilidade social e ambiental são reforçados pela natureza educacional de nossa atividade e dão sustentabilidade ao crescimento contínuo e à rentabilidade do grupo.

Manual para a elaboração de projetos e relatórios de pesquisas, teses, dissertações e monografias

Lília da Rocha Bastos
Lyra Paixão
Lúcia Monteiro Fernandes
Neise Deluiz

6ª edição

As autoras e a editora empenharam-se para citar adequadamente e dar o devido crédito a todos os detentores dos direitos autorais de qualquer material utilizado neste livro, dispondo-se a possíveis acertos caso, inadvertidamente, a identificação de algum deles tenha sido omitida.

Não é responsabilidade da editora nem das autoras a ocorrência de eventuais perdas ou danos a pessoas ou bens que tenham origem no uso desta publicação.

Apesar dos melhores esforços das autoras, do editor e dos revisores, é inevitável que surjam erros no texto. Assim, são bem-vindas as comunicações de usuários sobre correções ou sugestões referentes ao conteúdo ou ao nível pedagógico que auxiliem o aprimoramento de edições futuras. Os comentários dos leitores podem ser encaminhados à **LTC — Livros Técnicos e Científicos Editora** pelo e-mail ltc@grupogen.com.br.

Direitos exclusivos para a língua portuguesa
Copyright © 2003 by Lília da Rocha Bastos, Lyra Paixão,
Lúcia Monteiro Fernandes e Neise Deluiz
LTC — Livros Técnicos e Científicos Editora Ltda.
Uma editora integrante do GEN | Grupo Editorial Nacional

Reservados todos os direitos. É proibida a duplicação ou reprodução deste volume, no todo ou em parte, sob quaisquer formas ou por quaisquer meios (eletrônico, mecânico, gravação, fotocópia, distribuição na internet ou outros), sem permissão expressa da editora.

Travessa do Ouvidor, 11
Rio de Janeiro, RJ — CEP 20040-040
Tels.: 21-3543-0770 / 11-5080-0770
Fax: 21-3543-0896
ltc@grupogen.com.br
www.grupogen.com.br

CIP-BRASIL. CATALOGAÇÃO-NA-FONTE
SINDICATO NACIONAL DOS EDITORES DE LIVROS, RJ.

M251
6. ed.

Manual para a elaboração de projetos e relatórios de pesquisas, teses, dissertações e monografias
/ Lília da Rocha Bastos... [et al.]. - 6. ed. - [Reimpr.]. - Rio de Janeiro: LTC, 2017.
222p. : il. ;

Anexos
Inclui bibliografia
ISBN 978-85-216-1356-5

1. Redação técnica. 2. Relatório - Redação.
I. Bastos, Lília da Rocha.

04-0287.   CDD 808.066
                                  CDU 808.1

Apresentação

Aceitei fazer a apresentação da 6ª edição deste Manual por dois motivos: primeiro, porque o considero da maior utilidade para alunos de graduação e de pós-graduação, quando chega o momento de prepararem suas monografias, dissertações e teses; segundo, porque Lília me disse que essa edição seria cuidadosamente revista e que viria acompanhada de um CD-ROM* de apoio. Essa informação motivou-me. Tenho 90 anos de idade, mas sou uma "micreira" tardia, que ficou ansiosa para experimentar o *software* a ser lançado. Antes de aceitar a tarefa, fiz um certo charme, tentando convencer minha filha *honoris causa* de que são os autores quem melhor apresentam seus livros. Mas ela insistiu e gostei que o fizesse.

A melhor prova do valor deste Manual é a sua permanência no tempo — a 1ª edição data de 1979, quando suas três primeiras autoras pesquisavam e lecionavam no Programa de Pós-Graduação da Faculdade de Educação da UFRJ, àquela época por mim dirigida. A qualidade da obra vem sendo mantida por atualizações e acréscimos sucessivos, que acompanham a evolução da área da pesquisa.

Não vou falar sobre a estrutura do trabalho, porque o índice a reflete muito bem. Para o fim a que se destina, o Manual é excelente! Gosto de tudo nele, mas chamaria a atenção para o cuidado das autoras ao oferecerem exemplos variados sobre o que informam ou preconizam. Como aprendiz, o que serei até a morte, sempre preferi que, em vez de me informarem sobre como realizar algum trabalho, mostrassem-me um benfeito. Parece que as autoras pensaram em mim quando, a cada edição, acrescentavam novos exemplos. Até um memorial para concurso de professor titular foi contemplado no Manual. E quantos candidatos a concurso para ingresso em cursos de pós-graduação e de magistério têm dúvidas sobre o que seja um memorial. Sem orientação, acabam por repetir um *curriculum vitae* com alguns comentários.

Embora tenha sempre adotado as regras de referenciamento bibliográfico da ABNT, considero as da APA, de certa forma, mais simples e de aceitação praticamente universal. Nas primeiras edições, as autoras só apresentavam as da APA. Com agradável surpresa, observo que passaram a incluir as da ABNT em suas últimas versões. Mais graus de liberdade para o leitor do Manual; maior flexibilidade das autoras.

Com o aval de minha integridade intelectual, presente em longa trajetória acadêmica, caros amigos, colegas e alunos, não se privem de acrescentar este Manual às suas bibliotecas.

Rio de Janeiro, março de 2000.

Nair Fortes Abu-Merhy
Professora Emérita da UFRJ

Nossa querida Amiga e Mestra, Dra. Nair Fortes Abu-Merhy, uma das mais privilegiadas cabeças que conhecemos, acadêmica de alto nível e administradora que alcançou os mais importantes cargos na área educacional, deixou-nos no dia 16 de maio de 2000, antes de ver o lançamento desta edição e de poder testar o CD-ROM cuja ideia tanto a encantou. Que bom que chegou a redigir esta apresentação que, provavelmente, ainda iria burilar. Que bom ter seu nome junto aos nossos e sua presença espiritual a nos acompanhar. Saudade imensa, Nair!

Lília, Lyra e Lúcia

---

*Todo o material do CD-ROM atualmente está disponível no site da LTC – Livros Técnicos e Científicos Editora Ltda. (www.ltceditora.com.br)

Sobre as Autoras

Lília da Rocha Bastos Bacharel em Sociologia e Política (PUC-Rio), Mestre e Ph.D. em Educação (Pesquisa e Avaliação) pela University of Southern California (USC) e Pós-Doutorada em Medidas e Avaliação Educacional (Visiting Scholar) pela UCLA. Professora Titular de Metodologia da Pesquisa da UFRJ de 1973 a 1995, período em que planejou e implantou a área de concentração em Avaliação Educacional no Programa de Pós-Graduação dessa Universidade. Orientou mais de 300 dissertações de Mestrado e teses de Doutorado, coordenou e participou de inúmeras pesquisas, com financiamento público e privado, publicou livros e artigos em revistas brasileiras e internacionais. Atualmente é Consultora em Pesquisa e Avaliação.

Lyra Paixão Psicóloga e Pedagoga pela Universidade Federal de Minas Gerais, Mestre em Administração Educacional e Ph.D. em Currículo e Administração do Ensino Superior pela University of Southern California (USC). Pós-Doutorada em Administração e Avaliação do Ensino Superior pela UCLA. Professora Adjunta da UFRJ de 1973 a 1991, tendo, por oito anos (1974-1982), dirigido o Programa de Pós-Graduação em Educação dessa Universidade. Durante sua gestão, criou a área de estudos em Avaliação Educacional e implantou o Curso de Doutorado. Exerceu importantes cargos de direção de programas educacionais em nível nacional e publicou livros e artigos em revistas nacionais e internacionais. Detém diversas honrarias por desempenho acadêmico e profissional excepcionais, no exterior e no Brasil.

Lúcia Monteiro Fernandes Licenciada em Pedagogia pela Universidade do Brasil, Mestre em Psicometria (University of Pittsburg) e Ph.D. em Educação pela University of Southern California (USC). Foi Professora Adjunta de Medidas e Avaliação da UFRJ e de Metodologia da Pesquisa da Fundação Getulio Vargas (FGV). Durante sua carreira, orientou inúmeras dissertações em programas de pós-graduação. Tem larga experiência na elaboração de testes, com participação em projetos em nível nacional, além de apresentar em seu *curriculum vitae* numerosos artigos em revistas acadêmicas nacionais e internacionais.

Neise Deluiz Bacharel e Licenciada em Ciências Sociais pela Universidade do Brasil, Mestre e Doutora em Educação pela Universidade Federal do Rio de Janeiro (UFRJ). Foi Professora Adjunta da UFRJ (1978-1996) e ainda ministra regularmente a disciplina Metodologia da Pesquisa em cursos de Pós-Graduação nas Faculdades de Medicina e Odontologia da UFRJ. Tem orientado várias dissertações e teses nas áreas de Educação e Saúde, coordenou e participou de pesquisas em órgãos públicos e privados, publicou livros e artigos em revistas nacionais e internacionais. Atualmente ministra disciplinas relacionadas à Pesquisa em Educação e à área de Trabalho e Educação. É também Consultora dos Ministérios da Educação e da Saúde.

Falam as Autoras

Esta talvez tenha sido a mais demorada revisão e atualização deste Manual. Durou quase três anos. As razões foram diversas: o desenvolvimento de um CD-ROM de apoio, que não é tarefa trivial; o surgimento de novas normas da ABNT, em agosto de 2002, que nos levou a reexaminar toda a parte de referenciamento bibliográfico; o fato de nossa Editora investir em qualidade gráfica e correção linguística; e o acréscimo de mais três exemplos de projetos de pesquisa — um na área médica; outro, na de Psicologia Social; e o terceiro, em Antropologia.

Além disso, introduzimos as normas da ABNT que tratam de referenciamento bibliográfico, mantendo as da APA, com modificações introduzidas em sua mais recente versão (2001). Em relação às normas, tanto de uma quanto de outra Associação, praticamente só foram abordadas as de uso mais comum entre alunos e professores de graduação e de pós-graduação. Afinal, a própria ABNT não esgota o assunto, indicando ao leitor a consulta do Código de Catalogação Anglo-Americano vigente, para resolver casos omissos.

Violamos vários preceitos gráficos como, por exemplo, o espaçamento preconizado pela APA para o texto e as referências bibliográficas. Em vez de usar espaço 2 entre as linhas, optamos por 1,5, por julgarmos mais agradável a aparência de um texto com espaçamento menor. Da mesma forma, fixamos nossas margens de página em 3 cm do lado esquerdo e 2,5 cm nos demais lados, enquanto a ABNT fixa em 3 cm as margens esquerda e superior, e em 2 cm a direita e a inferior. No que se refere a mudar o tamanho das margens, o motivo foi deixar mais espaço do lado esquerdo, por causa da encadernação.

Este Manual não pretende cercear a criatividade de seus usuários, embora as orientações nele contidas sejam inestimáveis para os que se encontram realizando seu primeiro trabalho acadêmico. O importante é que qualquer inovação seja usada consistentemente no texto completo. A propósito, só o pesquisador amadurecido e experimentado sente-se à vontade para transgredir o estabelecido. Olhem para nossas fotografias (atuais) e concordem com o fato de que nos qualificamos como "violadoras": as rugas nos credenciam. Infelizmente...

Vezes há em que temos que nos conformar a normas estabelecidas pelas instituições em que nos encontramos. Tais normas são, via de regra, formais, incapazes de prejudicar a criatividade em matéria substantiva. É o caso das por nós apresentadas neste Manual — essencialmente formais.

Nossa querida Mestra e Amiga, Dra. Nair Fortes Abu-Merhy, aludiu, na Apresentação desta 6ª edição, ao fato de termos introduzido as normas da ABNT, permitindo ao leitor mais liberdade de escolha. Foi este mesmo o nosso objetivo, Nair.

Quanto à introdução de um CD-ROM de apoio, vibramos com a acolhida da ideia pela LTC e o empenho com que o desenvolveu. Sendo esta a sua primeira versão, é possível — e até proveitoso — que o CD-ROM venha a ser aprimorado. Para tal, contamos com as avaliações de seus usuários que, certamente, serão incorporadas em versões subsequentes.

Prezados leitores — alunos, professores, pesquisadores —, aguardamos suas críticas a esta 6ª edição, com a intenção do verdadeiro avaliador — aperfeiçoar o objeto avaliado.

Agora, os agradecimentos. A ideia do CD-ROM deve-se à Professora e amiga Rosângela Maria Martins Gomes. Rosângela não parou na ideia! Acompanhou o desenvolvimento do *software*, testando-o e sugerindo mudanças que o tornassem o mais útil possível ao usuário. A concretizadora do CD-ROM foi a Analista de Sistemas da LTC e Engenheira Eletrônica Patrícia Trindade que, heroicamente, desenvolveu sozinha o CD-ROM, com dedicação e competência.

Rosilene Lucia Quinteiro, Gerente de Marketing da LTC e Psicóloga, como sempre, extrapolou suas funções (ela, modestamente, diria que não): fechou com a ideia do CD-ROM desde o início; acompanhou seu desenvolvimento fazendo sugestões e dando apoio logístico; enfim, justificou por que é um dos profissionais mais respeitados e importantes da Editora.

Jussara Bivar, copidesque desta edição do Manual, demonstrou domínio da língua e zelo na busca da correção e da simplicidade do texto.

Luiz Henrique Baptista Machado, Consultor Editorial da LTC e Professor Assistente da UFRJ, imprimiu à obra nova personalidade, aliada a bom gosto. Valeu, Luiz Henrique!

Nosso reconhecimento a todo o pessoal de apoio da LTC, dos mais variados escalões que, no anonimato, pelo menos para nós, talvez não avalie a sua importância na manutenção do padrão de qualidade da Editora.

Continuamos em débito com Cecília Lopes da Rocha Bastos, pelo preparo do índice alfabético da 1ª edição — tarefa, então, árdua, porque executada sem auxílio do computador.

À Dra. Elizabeth Fernandes de Macedo, Professora Adjunta da UERJ que, embora extremamente ocupada, com a argúcia de seus olhos e competência acadêmica, ajudou-nos a rever grande parte das modificações introduzidas nesta edição, nossa gratidão.

Obrigadas, também, pela generosidade dos autores que permitiram a reprodução de seus trabalhos.

Finalmente, nosso apreço e admiração pelo Presidente da LTC, Pedro Lorch, grande líder, cuja administração mescla competência e humanidade.

Rio de Janeiro, fevereiro de 2003.

Lília da Rocha Bastos
Lyra Paixão
Lúcia Monteiro Fernandes
Neise Deluiz

Prefácio

Textos sobre o preparo de teses, dissertações e trabalhos científicos, abordando matéria relacionada com estrutura e organização, redação técnica e referenciamento bibliográfico, já se encontram à disposição da comunidade científica brasileira. Alguns, de autoria de organizações, são preparados com o objetivo de nortear a elaboração e a apresentação gráfica de seus próprios trabalhos; outros representam contribuições individuais, em geral editadas comercialmente. No exterior, principalmente nos Estados Unidos, são numerosos os manuais publicados para orientar a forma e o estilo de teses e de pesquisas. Entre os mais populares, encontra-se o da American Psychological Association (1997). No Brasil, a Associação Brasileira de Normas Técnicas (ABNT) preparou normas diferenciadas, identificadas por objetivos e números.

A despeito da variedade desse tipo de publicação, as universidades, tanto no Brasil como em outros países, costumam adotar normas próprias para a orientação do formato e do estilo de suas teses e dissertações, com o objetivo de imprimir-lhes a marca da instituição.

Esta obra, dadas a abrangência de seu conteúdo e a margem de abertura que oferece para adaptações, aplica-se ao planejamento de projetos e à elaboração de monografias e de relatórios de pesquisas científicas em geral, embora focalizando, particularmente, teses e dissertações. Dessa maneira, suas autoras esperam auxiliar alunos, professores e pesquisadores de qualquer instituição.

O Manual está dividido em cinco capítulos: Estrutura do Projeto de Pesquisa, Estrutura da Dissertação ou da Tese, Estrutura da Monografia, Uniformização Redacional e Uniformização Gráfica. Nos três primeiros, é fornecida ao leitor uma ideia geral sobre as partes componentes do projeto, das dissertações e teses e da monografia; no quarto e no quinto, desce-se a minúcias necessárias à sua uniformização, não apenas do ponto de vista da redação, como também de apresentação gráfica.

O leitor é alertado, em diversos pontos do texto, para o fato de as normas aqui sugeridas não serem rígidas, devendo ajustar-se às características específicas de cada estudo. Aceita-se, no entanto, o pressuposto de que uma relativa uniformidade estrutural é não apenas desejável como necessária a trabalhos de pesquisa. Entre outras razões, porque facilita a busca e a recuperação de informações no texto.

Aos que considerem manuais, como o presente, conducentes a uma estrutura estereotipada de pesquisa, tese, dissertação ou monografia, e que se julguem violentados em sua criatividade, esclarece-se que, preservadas a clareza de comunicação e a organização que possibilitem a recuperação rápida de informações contidas no texto, não há por que obedecer cegamente às sugestões aqui veiculadas. Lembramos, porém, aos leitores que, para se "virar a mesa", é preciso, antes, ter uma de pé...

Novidades desta Edição

Desenvolvemos para esta edição do Manual o material de Apoio, contendo *templates* para a digitação de trabalhos acadêmicos, instruções resumidas de formatação e exemplos das partes que compõem uma monografia.

A diagramação da obra também foi modificada para facilitar a leitura e o manuseio do livro e torná-lo visualmente mais agradável. Apesar de estarem em forma reduzida, os modelos e exemplos apresentados na obra trazem o formato gráfico sugerido neste Manual. Acrescentamos ícones às margens das páginas para facilitar a utilização conjunta do Manual, site anexos.

WWW   Refere-se a conteúdo do site da LTC Editora

Refere-se a conteúdo dos Anexos

WWW   Refere-se a conteúdo de ambos

Além disso, o texto desta edição foi amplamente revisado e adaptado pelas autoras de modo a incluir as principais mudanças (especificamente ao referenciamento bibliográfico) ocorridas nas normas da APA e ABNT desde a última edição deste Manual.

Índice

CAPÍTULO I   **ESTRUTURA DO PROJETO DE PESQUISA, 1**
Características Gerais, 1
Lista de Capítulos e Seções Comumente Incluídos no Corpo do Projeto, 1
Principais Seções de Projetos de Diferentes Tipos de Pesquisa, 8

CAPÍTULO II   **ESTRUTURA DA DISSERTAÇÃO OU DA TESE, 11**
Preliminares, 11
Corpo da Dissertação ou da Tese, 12

CAPÍTULO III   **ESTRUTURA DA MONOGRAFIA, 17**
Características da Monografia, 17
Etapas da Elaboração da Monografia, 17

CAPÍTULO IV   **UNIFORMIZAÇÃO REDACIONAL, 21**
Estilo da Redação Técnico-Científica, 21
Indicação de Fontes Bibliográficas no Texto, 23
Referências Bibliográficas, 28
Tabelas, 36
Figuras, 36
Alíneas, 36
Notas de Rodapé, 37
Emprego de Números, 37
Uso de Maiúsculas, 38
Abreviaturas e Siglas, 38

CAPÍTULO V   **UNIFORMIZAÇÃO GRÁFICA, 39**
Papel, Margens, Fonte, Corpo e Cor da Letra, 39
Disposição Gráfica, 39

REFERÊNCIAS BIBLIOGRÁFICAS   **45**

GLOSSÁRIO   **47**

ANEXOS   **55**
Folha de Rosto, 57
Página de Aprovação, 59
Índice, 61
Lista de Anexos, de Figuras e de Tabelas, 65
Resumo (*Abstract*), 69

Tabelas e Figuras, 73
Disposição e Espaçamento de Títulos, Subtítulos e Números de Páginas, 77
Citações e Notas de Rodapé, 83
Referências Bibliográficas (nos Estilos APA e ABNT), 85
Exemplos de Projetos de Pesquisa, de Monografia e de Memorial, 89

ÍNDICE ALFABÉTICO 221

Material Suplementar

Este livro conta com materiais suplementares.

O acesso ao material suplementar é gratuito. Basta que o leitor se cadastre em nosso *site* (www.grupogen.com.br), faça seu *login* e clique em GEN-IO, no menu superior do lado direito. É rápido e fácil. Caso haja mudança no sistema ou dificuldade de acesso, entre em contato conosco (sac@grupogen.com.br).

GEN-IO (GEN | Informação Online) é o repositório de materiais suplementares e de serviços relacionados com livros publicados pelo GEN | Grupo Editorial Nacional, maior conglomerado brasileiro de editoras do ramo científico-técnico-profissional, composto por Guanabara Koogan, Santos, Roca, AC Farmacêutica, Forense, Método, Atlas, LTC, E.P.U. e Forense Universitária. Os materiais suplementares ficam disponíveis para acesso durante a vigência das edições atuais dos livros a que eles correspondem.

CAPÍTULO I

ESTRUTURA DO PROJETO DE PESQUISA

Características Gerais

O projeto é uma proposta específica e detalhada da pesquisa, com o objetivo de definir uma questão e a forma pela qual ela será investigada. Está sujeito a modificações durante o seu desenvolvimento.

O projeto de pesquisa é, de modo geral, estruturado em três partes: (a) preliminares ou pré-textual; (b) corpo do trabalho ou textual; e (c) referências bibliográficas e anexos. As preliminares incluem: folha de rosto; página de aprovação; índice; listas de tabelas, de figuras e de anexos; resumo e *abstract*.

Veja modelos de preliminares nos Anexos 1, 2, 3, 4 e 5.

Em geral, os projetos se estruturam em determinados capítulos e seções, cuja inclusão ou exclusão depende da natureza da pesquisa. Os capítulos principais de qualquer projeto tratam da definição do problema, com uma revisão sucinta da bibliografia e da metodologia a ser adotada. Esses capítulos e suas seções podem ser modificados em função das características da pesquisa, esperando-se, no entanto, que o problema, os objetivos e a relevância sejam explicitados, assim como a metodologia delineada.

Lista de Capítulos e Seções Comumente Incluídos no Corpo do Projeto

A seguir, são indicados os três capítulos que compõem o projeto de pesquisa, com suas respectivas seções, na forma gráfica em que devem ser apresentados, iniciando-se cada capítulo em uma nova página. Há pesquisadores que optam por uma redação em que as seções não apareçam separadas. No entanto, o conteúdo de cada uma delas deve estar presente no texto e ser facilmente localizado.

Veja detalhes de formatação no Anexo 7 e no site da LTC Editora.

CAPÍTULO I – Estrutura do Projeto de Pesquisa

O PROJETO DEVE SER DIGITADO EM FORMATO A 4.*

CAPÍTULO I

O PROBLEMA

Introdução

Nesta seção, o autor explicita, em termos gerais, o contexto do problema. A introdução deve apresentar uma revisão da literatura inicial, dando uma ideia do conhecimento mais recente produzido em termos de estudos teóricos e de resultados de pesquisa na área de investigação, levantando questões, evidenciando tendências e/ou controvérsias, deixando transparecer a postura crítica do pesquisador. A introdução deve ser redigida de forma a despertar e prender a atenção do leitor.

Formulação da Situação-Problema

Feita a introdução, que deve sugerir o problema, o autor esclarece a questão que o preocupa, inquieta ou desperta sua curiosidade.
Nesta seção, o problema anteriormente sugerido é definido de maneira mais específica, facilitando ao pesquisador a formulação de objetivos.

Objetivos, Delimitação e Importância do Estudo

Depois de haver completado, na introdução, o levantamento inicial da literatura pertinente, e definido a situação-problema, o pesquisador poderá decidir com maior clareza e especificidade o(s) objetivo(s) do estudo. Antes de formular o(s) objetivo(s), o pesquisador pode, para facilitar o encadeamento do projeto, retomar, de forma sintética, o problema anteriormente delineado. O(s) objetivo(s) é(são), então, definido(s) de forma o mais inequívoca possível, indicando o propósito da pesquisa.
Qualquer problema apresenta aspectos que, embora não diretamente relacionados ao ponto central, constituem matéria de interesse. O pesquisador deve evitar que seu problema se torne geral e abrangente a ponto de não poder

1

Modelo 1.1 Capítulo I do Projeto de Pesquisa.
*Para mais detalhes de formatação, veja os Caps. 4 e 5. Este e os próximos modelos encontram-se em tamanho reduzido para melhor visualização.

ser pesquisado. Por isso, na delimitação, ele deve explicitar com clareza o que será objeto de investigação e o que não será focalizado, e por quê.

Espera-se, igualmente, que o pesquisador indique a relevância do seu estudo, considerando aspectos relativos a avanços acadêmicos ou teóricos dentro do campo estudado ou implicações de caráter prático, assim como a possibilidade de contribuir para o aperfeiçoamento de aspectos metodológicos. Respostas a perguntas tais como "A quem interessarão os resultados da pesquisa?", "Quais as perspectivas de aplicação científica, tecnológica ou social?", "Que lacunas de pesquisa o estudo preenche?", "Qual a originalidade do estudo em termos de conteúdo, enfoque ou metodologia?" são capazes, também, de esclarecer a importância da pesquisa.

Referencial Teórico ou Conceitual

Nesta seção, explicita-se o referencial que fundamenta a pesquisa a ser desenvolvida, justificando-se a sua adoção em relação ao problema investigado. É necessário o embasamento teórico/conceitual para buscar o significado dos fenômenos e relações observados, explicar e compreender os aspectos da realidade em estudo, permitindo sua interpretação.

A teoria não é um modelo ao qual a realidade deva adaptar-se. É a realidade que aperfeiçoa a teoria, muitas vezes exigindo reformulações fundamentais ou mesmo invalidando-a. Entretanto, a teoria deve orientar a pesquisa e seus resultados devem incorporar-se a teorias ou ser analisados à luz delas.

Existem, evidentemente, alguns fatos ou realidades simples que não necessitam de uma fundamentação para serem analisados e compreendidos, mas a maior parte dos fenômenos sociais, dada a sua complexidade, exige um quadro de referência teórico ou conceitual para sua compreensão e interpretação. Os fenômenos educacionais, por exemplo, devem ser analisados levando-se em conta as teorias produzidas em áreas de ciências correlatas como a sociologia, a antropologia e a psicologia, entre outras.

Em alguns tipos de estudo (como a pesquisa etnográfica), o referencial teórico muitas vezes não é formulado *a priori*, pois, trabalhando no "contexto da descoberta", o pesquisador espera que a teoria emerja da análise dos dados coletados na realidade (*grounded theory*).

2

Modelo 1.1 (Continuação)

Questões e/ou Hipóteses

As perguntas têm por propósito encaminhar o alcance do(s) objetivo(s). As hipóteses são proposições provisórias que fornecem respostas condicionais a um problema de pesquisa, explicam fenômenos e/ou antecipam relações entre variáveis, direcionando a investigação.

Em estudos experimentais, *ex post facto* e correlacionais, as hipóteses são testadas estatisticamente. Em estudos históricos, o teste é o da evidência histórica. Pesquisas etnográficas, por natureza abertas à formulação de teorias (*grounded theory*) e de hipóteses a partir da imersão do pesquisador na realidade, raramente definem hipóteses.

Definição de Termos

Caso os termos-chave, conceitos, constructos ou categorias de análise adotados no estudo ainda não tenham sido definidos na seção do referencial teórico ou conceitual, o pesquisador deve fazê-lo nesta seção. O objetivo da definição de termos é deixar clara para o leitor a concepção dos termos adotada no estudo.

Organização do Estudo

Nesta seção, o autor apresenta a estrutura do restante do estudo, fazendo um breve resumo do conteúdo que será abordado nos capítulos.

Modelo 1.1 (Continuação)

CAPÍTULO II

REVISÃO DA LITERATURA

Esta revisão da literatura, de natureza preliminar, tem por objetivos: (a) fundamentar o problema, o(s) objetivo(s), as perguntas ou as hipóteses da pesquisa; (b) evitar a réplica não intencional de estudos já realizados; (c) familiarizar o pesquisador com o conhecimento atual da área objeto de estudo e com procedimentos metodológicos adotados em outras pesquisas; e (d) construir a moldura conceitual para a interpretação dos resultados da investigação.

Modelo 1.2 Capítulo II do Projeto de Pesquisa.

CAPÍTULO III

A METODOLOGIA

O elemento básico de uma boa metodologia consiste em um plano detalhado de como alcançar o(s) objetivo(s), respondendo às questões propostas e/ou testando as hipóteses formuladas. De fato, a "boa" metodologia é a apropriada à solução do problema e aos objetivos do estudo.

O capítulo da metodologia inicia-se com uma indicação sobre sua estrutura, enunciando-se as seções que o compõem.

As principais seções deste capítulo são apresentadas a seguir, a título de sugestão.

População e Amostra

Nesta seção, define-se a população (universo da pesquisa) e, em seguida, a(s) amostra(s), se for o caso. Ao descrever a amostra, especifica-se a forma pela qual foi selecionada, justificando-se a escolha dos procedimentos de amostragem. Esclarece-se, também, como foi estabelecido o número de unidades da amostra — calculado por meio de fórmulas, determinado por tabelas próprias ou atendendo a limitações de ordem administrativa, financeira ou outras. Em estudos de caso, os critérios de definição da amostra são, igualmente, explicitados.

É comum encontrar-se esta seção sob os títulos "Participantes do Estudo" ou "Seleção dos Sujeitos".

Instrumentos de Medida

Os instrumentos de medida utilizados (entrevistas, estruturadas ou não; questionários; testes; escala; observação, participante ou não; instrumentos de laboratório e outros) devem ser igualmente descritos, informando-se sua validade e fidedignidade, quando couber.

5

Modelo 1.3 Capítulo III do Projeto de Pesquisa.

Coleta dos Dados

Refere-se à descrição do processo de coleta dos dados: **como** (em grupo, individual ou outro); **por quem** (o próprio pesquisador, equipe treinada ou outro(s)); **quando** (período); **onde**.

Tratamento e Análise dos Dados

Nesta seção, devem ser explicitados o tratamento e a forma pelos quais os dados coletados serão analisados. Esses devem ser interpretados de acordo com: (a) o referencial teórico ou conceitual adotado na pesquisa, caso ele tenha sido definido anteriormente, e (b) os resultados de estudos e pesquisas anteriores. Isso permitirá ao pesquisador ter indicações sobre as dimensões e categorias de análise ou as relações esperadas entre as variáveis estudadas, a partir das quais os dados devam ser interpretados.

No caso de projetos de pesquisa que impliquem dados quantitativos, deve-se especificar o tratamento estatístico dos dados (estatísticas descritiva e/ou inferencial), antes de coletá-los. Em alguns casos, dados coletados com grande esforço podem tornar-se inúteis por seu tratamento não ter sido previsto. Até mesmo níveis de significância (α) para rejeição de hipóteses são definidos com antecedência porque, em casos limítrofes, o investigador pode ser tentado a influenciar os resultados.

Considerações sobre as possibilidades de tratamento dos dados implicam decisão sobre a magnitude e a sofisticação de um estudo, devendo, portanto, ser cogitadas pelo investigador no início do projeto.

Limitações do Método

Nesta seção, indicam-se as deficiências metodológicas do estudo, reconhecidas pelo pesquisador, mas que, por motivos que devem ser aqui explicitados, não puderam ser impedidas.

O projeto de pesquisa também deve incluir referências bibliográficas e anexos. Em projetos de pesquisas acadêmicas ou institucionais, submetidas a agências de financiamento, deve-se incluir, também, um cronograma de execução e o orçamento.

Modelo 1.3 (Continuação)

Principais Seções de Projetos de Diferentes Tipos de Pesquisa

Veja exemplos de projeto de pesquisa no Anexo 10.

Em pesquisas experimentais, *ex post facto*, correlacionais e de levantamento, além das seções usuais dos Capítulos I e II, o capítulo da metodologia deve incluir:

- População e Amostra (Participantes do Estudo)
- Esquema da Pesquisa (*Design*), no caso da pesquisa experimental
- Tratamento Experimental (só se aplica à pesquisa experimental e se refere à descrição de como a variável independente foi manipulada)
- Instrumentos de Medida
- Coleta dos Dados
- Tratamento Estatístico
- Limitações do Método.

Em pesquisas históricas, o primeiro capítulo deve incluir, além da definição do problema, dos objetivos e da relevância do tema, uma delimitação do estudo no espaço e no tempo, deixando claros os critérios da periodização adotada e sua justificativa. Portanto, as principais seções do capítulo de metodologia de pesquisas históricas são:

- Método Utilizado (linguística, análise de conteúdo, análise de discurso, demografia histórica, métodos quantitativos e outros)
- Fase de Documentação (seleção de fontes primárias e secundárias)
- Estratégias de Crítica Externa e Interna das Fontes de Dados
- Tratamento e Análise dos Dados.

Nas pesquisas etnográficas, o planejamento deve explicitar os passos e procedimentos necessários à consecução dos objetivos do estudo. Do primeiro capítulo, devem constar a formulação do problema, as questões do estudo, o quadro teórico (quando houver), as unidades de análise (nos "estudos de caso", a definição e a delimitação do caso) e a relevância do problema.

Nesse caso, incluem-se no capítulo de metodologia:

- Justificativa do Método (explicitando-se a adequação e a pertinência do tipo específico de pesquisa adotada)
- Identificação e Seleção dos Participantes, já que a amostra é quase sempre intencional nesses estudos
- Instrumentos de Medida (observação, participante ou não; entrevistas; análise documentária; questionários e outros)
- Coleta dos Dados
- Tratamento e Análise dos Dados (antecipando-se os procedimentos gerais utilizados na análise dos dados, utilizando-se ou não um referencial teórico *a priori*).

Em outros tipos de pesquisa, como, por exemplo, a filosófica, a bibliográfica e a de definição do estado da arte de determinado problema, a metodologia se resume à explicitação dos passos que o pesquisador seguirá para atingir seu objetivo.

CAPÍTULO II

ESTRUTURA DA DISSERTAÇÃO OU DA TESE

Uma dissertação ou tese, de modo geral, é constituída de três partes distintas: (a) **preliminares** ou **pré-textual**; (b) **corpo da dissertação** ou **da tese**; e (c) **referências bibliográficas**. Se existirem **anexos**, estes são também incluídos.

Preliminares

A parte denominada **preliminares** ou **pré-textual** precede o texto e inclui: folha de rosto, página de aprovação, página de agradecimento (geralmente opcional), resumo (*abstract*), índice e listas de tabelas, de figuras e de anexos. As páginas dessa primeira parte, com exceção da folha de rosto e da página de aprovação, recebem numeração própria em algarismos romanos minúsculos, no centro da margem inferior.

Folha de Rosto

A folha de rosto é a primeira página escrita da dissertação ou tese e não é numerada. Seu conteúdo é mais ou menos uniforme e inclui: título do trabalho, nome completo do autor, nome da instituição, grau pleiteado, mês e ano. O que costuma variar, de instituição para instituição, é a ordem e a disposição de tais elementos.

Veja modelo de folha de rosto no Anexo 1 e no site da LTC Editora.

Página de Aprovação

Contém dados identificadores da instituição, o título do estudo, o nome do autor, a data de aprovação e a assinatura dos membros da banca examinadora. É fornecida pela instituição e não é numerada nem contada na sequência da numeração.

Veja modelo de página de aprovação no Anexo 2 e no site da LTC Editora.

Página de Agradecimento

De caráter facultativo, dirige-se a instituições ou a pessoas, a critério do autor.

Resumo (Abstract)

Veja modelo de resumo e *abstract* no Anexo 5 e no site da LTC Editora.

Apresentado em sequência à página de agradecimento, o resumo (*abstract*) especifica os pontos principais da dissertação: objetivo, metodologia, resultados e conclusões. Apenas o que tenha sido objeto de análise no corpo do trabalho aparece no resumo. Quanto à extensão, varia de instituição para instituição, oscilando entre 200 e 700 palavras.

Algumas instituições exigem, além do resumo em português, um em língua estrangeira, cuja escolha varia de caso para caso, sendo em inglês o mais comum (*abstract*).

Índice[1]

Veja modelo de índice no Anexo 3 e no site da LTC Editora.

O índice é colocado após o resumo. Nele são indicadas apenas as páginas que iniciam os capítulos e as seções. As subseções porventura existentes não constam do índice.

Inicia-se o índice pelas listas de tabelas, de figuras e de anexos e termina-se pelas referências bibliográficas e pelos anexos.

Listas de Tabelas, de Figuras e de Anexos

Veja modelo de listas no Anexo 4 e no site da LTC Editora.

Após a folha do índice aparecem, em folhas separadas, as listas de tabelas, de figuras e de anexos, caso existam.

Corpo da Dissertação ou da Tese

Nesta parte, inicia-se o texto da dissertação ou da tese propriamente dita e uma nova numeração, em algarismos arábicos.

O texto divide-se em capítulos, cada um com seções e subseções, que variam em função da natureza do problema e da metodologia adotada.

Os destaques das seções e subseções de um capítulo são feitos pela maneira de dispô-los na página e por recursos gráficos como negrito e itálico, e não por letras e números, reservados estes últimos, em romanos maiúsculos, apenas para os capítulos. Tal procedimento atende à estética, facilita o acompanhamento do texto e evita sua atomização, ao contrário do que ocorre no sistema numérico.

A seguir, é apresentada uma tabela com os capítulos e seções comumente incluídos em uma dissertação ou tese. Faz-se também uma breve descrição do conteúdo de cada seção. Esta tabela serve apenas de guia, porque nem todas as seções são adequadas para qualquer estudo, e a ordem em que aparecem nos capítulos também pode variar.

---

[1] A palavra "índice" pode ser substituída por "sumário" caso o leitor esteja seguindo as normas da ABNT.

CAPÍTULOS	SEÇÕES	
I O PROBLEMA	**Introdução**	Antecedentes do problema, tendências atuais relativas ao problema, pontos de debate, preocupação social.
	Formulação da Situação-Problema	Dificuldade básica, necessidade sentida, lacuna detectada na área de conhecimento.
	Objetivo, Delimitação e Importância do Estudo	Definição de propósitos, ênfase em resultados ou produtos; restrição do campo de interesse e sua relevância prática ou teórica.
	Referencial Teórico ou Conceitual	Fundamentação filosófica, teórica ou conceitual, quando existente, que embasa o problema.
	Questões e/ou Hipóteses	Busca de esclarecimento sobre pontos indispensáveis ao alcance do objetivo ou afirmações condicionais a serem testadas.
	Definição dos Termos	Definições constitutivas e/ou operacionais das variáveis utilizadas no estudo.
	Organização do Restante da Dissertação ou Tese	De inclusão obrigatória no projeto e opcional no relatório final da dissertação ou tese, anuncia o conteúdo dos capítulos que se seguem ao primeiro.
II REVISÃO DA LITERATURA	**As seções são definidas a critério do pesquisador**	O capítulo é estruturado em seções e subseções, correspondendo as primeiras, frequentemente, às perguntas levantadas, às hipóteses formuladas ou aos objetivos delineados no capítulo O Problema. Ao final de cada seção, é aconselhável apresentar um resumo parcial, assim como um geral ao final do capítulo.
		Os objetivos da revisão são: familiarizar o leitor com trabalhos existentes relativos ao que tem sido feito e por quem, quando e onde os mais recentes estudos e pesquisas foram realizados, e que técnicas, instrumentos e análise estatística foram adotados em sua metodologia (quando pertinentes, revisões de literatura relacionadas a aspectos metodológicos são realizadas no capítulo da metodologia).

Tabela 2.1 Lista de Capítulos e Seções Comumente Incluídos em uma Dissertação ou Tese

CAPÍTULOS	SEÇÕES	
II REVISÃO DA LITERATURA (cont.)		Pode fornecer, a partir da delineação crítica de várias posições teóricas, uma moldura conceitual que ofereça base para a derivação de hipóteses e sua fundamentação (quando apropriado).*
		As fontes para a revisão da literatura podem ser encontradas em resenhas bibliográficas que se relacionam com a situação-problema ou com o problema da pesquisa, como, por exemplo, para o campo da educação, na *Encyclopedia of Educational Research*, nos *Review of Research in Education*, nos *Handbook of Research on Teaching*, e em revistas técnicas nacionais e internacionais. Outras fontes recomendadas são livros, dissertações, teses, monografias, anais de congressos, boletins, relatórios e artigos de pesquisa, de preferência dos últimos dez anos, à exceção de obras clássicas. Além dessas, buscas na Internet são valiosas.
III A METODOLOGIA		Visão geral introdutória, estruturando o capítulo.
	População e Amostra	Descrição da população e do processo de amostragem, caso este tenha sido usado.
	Tratamento Experimental	Aplicável apenas a pesquisas experimentais.
	Instrumentos de Medida	Indicação de observações, testes, escalas e questionários a serem usados, descrevendo-os, assim como fazendo referência às suas validade e fidedignidade.
	Coleta de Dados	Informações sobre como, quando, onde e por quem foram aplicados os instrumentos de medida.

*Em alguns estudos teóricos ou metodológicos, o capítulo Revisão da Literatura pode preceder o capítulo O Problema, de maneira que a formulação do problema da pesquisa e das hipóteses possa ser sucinta. Em tal caso, um breve relato do propósito de toda a investigação deverá vir logo no início do capítulo Revisão da Literatura.

Tabela 2.1 (Continuação)

CAPÍTULOS	SEÇÕES	
III A METODOLOGIA (cont.)	**Tratamento e Análise dos Dados**	Explicitação do tratamento e da forma pelos quais os dados coletados serão analisados. Em estudos quantitativos, deve-se explicitar a estatística empregada — descritiva e/ou inferencial. Quando inferencial, são indicados os testes e definido o nível de significância (α).
	Limitações do Método	Indicação de deficiências do método reconhecidas pelo pesquisador e explicitação das razões pelas quais não puderam ser evitadas.
IV APRESENTAÇÃO E DISCUSSÃO DOS RESULTADOS	**As seções são definidas a critério do pesquisador**	O capítulo é estruturado em seções cujos títulos correspondem a cada pergunta levantada ou hipótese formulada. O relato dos resultados visa a oferecer evidências que esclareçam cada questão levantada ou cada hipótese formulada na proposição do problema. Na interpretação dos resultados, esses são relacionados à teoria (quando existente) e à revisão da literatura.
V CONCLUSÕES E RECOMENDAÇÕES	**Conclusões**	São formuladas tendo em vista os resultados. Algumas vezes, quando não rejeitadas, as hipóteses são repetidas como conclusões, adquirindo maior grau de confiança.
	Recomendações	Sugestões para a implementação dos resultados ou para pesquisas adicionais.
REFERÊNCIAS BIBLIOGRÁFICAS		Iniciando a parte pós-textual, as referências bibliográficas, com o título em caixa alta, trazem a listagem das obras citadas no trabalho, cuja sequência obedece à ordem alfabética dos sobrenomes dos autores e não é numerada. No Capítulo IV são apresentadas instruções sobre as diversas possibilidades com que o autor poderá defrontar-se ao referenciar as fontes consultadas em um trabalho.
ANEXOS		O título Anexos aparece em caixa alta e inclui tabelas com dados suplementares, citações muito longas, leis ou pareceres de suporte para o trabalho e outros documentos importantes, quando de difícil acesso. Instrumentos de medida (desde que sua divulgação não infrinja direitos autorais), cartas com informações em resposta a consultas, glossários e textos originais raros devem, também, ser incluídos.

Tabela 2.1 (Continuação)

CAPÍTULO III

ESTRUTURA DA MONOGRAFIA

Características da Monografia

A monografia é um trabalho acadêmico que tem por objetivo a reflexão sobre um tema ou problema específico e que resulta de um processo de investigação sistemática.

A monografia trata de tema circunscrito, com uma abordagem que implica análise, crítica, reflexão e aprofundamento por parte do autor. Embora a monografia possa ser o relato de uma pesquisa empírica,[2] o mais comum é que resulte de uma revisão de literatura criticamente articulada, que constitua um todo orgânico.

As monografias realizadas ao final de cursos de graduação ou as exigidas para a obtenção de créditos em disciplinas diferem das dissertações de mestrado e teses de doutorado quanto ao nível da investigação. Das duas últimas, é exigido um grau maior de aprofundamento teórico, um tratamento metodológico mais rigoroso e um enfoque original do problema, dando ao tema nova abordagem e interpretação, tanto no aspecto teórico quanto no metodológico.

Etapas da Elaboração da Monografia

As etapas que devem ser seguidas na elaboração de uma monografia compreendem:

Escolha do Tema e Definição de Objetivos

Inicialmente, é preciso fazer a seleção do tema a ser desenvolvido e do(s) objetivo(s) da monografia. Na medida em que o(s) objetivo(s) seja(m) definido(s), consegue-se direcionar o foco do trabalho, delimitando o objeto de estudo.

---

[2] O caso da monografia que resulta de uma pesquisa empírica é tratado no Capítulo II deste Manual.

Fase de Documentação

Esta etapa constitui-se no levantamento e na seleção da bibliografia relacionada aos objetivos do estudo. Inclui tanto leitura, fichamento e análise crítica da documentação, quanto coerência, validade dos argumentos, originalidade e profundidade das ideias dos autores.

Quando se trata de um estudo empírico, a fase de documentação implica não apenas uma revisão bibliográfica, mas também a coleta dos dados no campo. A revisão da literatura é abordada no Capítulo II deste Manual.

Fase de Elaboração da Monografia

Esta etapa refere-se à construção do trabalho de investigação, e nela são ordenadas as ideias de modo harmonioso e encadeado, integrando-se em partes estruturadas logicamente. São três as partes que constam no corpo de uma monografia: introdução, desenvolvimento e conclusão.

a) *Introdução*. Nesta parte levantam-se os antecedentes do problema, as questões atuais e as controvérsias relativas ao tema. Definem-se a situação-problema e os objetivos, delimita-se o trabalho, indicam-se a relevância do estudo e as questões e/ou hipóteses. A Introdução de uma monografia segue a estrutura do primeiro capítulo do projeto de pesquisa e/ou da dissertação/tese, tal como apresentado nos Capítulos I e II deste Manual.

b) *Desenvolvimento*. Constitui o núcleo do trabalho e pode conter seções e subseções. Esta parte trata da fundamentação do problema e tem por objetivos a **explanação** (descrição de ideias, posições de autores, conceitos, teorias), a **discussão** (confronto de argumentos, apresentação de ideias divergentes ou convergentes entre autores) e a **demonstração** (interpretação dos resultados obtidos e posicionamento do autor da monografia). Monografias de natureza empírica devem incluir, além da revisão da literatura, seções que abordem a metodologia, a apresentação e a discussão dos resultados. O detalhamento dessas seções encontra-se no Capítulo II deste Manual.

c) *Conclusão*. Esta etapa representa o momento final, quando é apresentado o resumo da argumentação e são relacionadas as diversas ideias desenvolvidas ao longo do trabalho, em um processo de síntese dos principais resultados, com os comentários do autor.

Apresentação Gráfica da Monografia

O trabalho deve apresentar a seguinte estrutura: (a) preliminares; (b) corpo da monografia ou texto; (c) referências bibliográficas; e (d) anexos.

Veja exemplo de monografia em Ciências Econômicas no item 8 do Anexo 10.

- *Preliminares*

    Folha de rosto
    Resumo (*abstract*)
    Índice
    Lista de tabelas, de figuras e de anexos

- *Corpo ou Texto*

    Introdução
    Desenvolvimento
    Conclusão

- *Referências Bibliográficas*

- *Anexos*

CAPÍTULO IV

UNIFORMIZAÇÃO REDACIONAL

Estilo da Redação Técnico-Científica

Ao abordar o estilo redacional de trabalhos científicos, serão feitas referências a alguns princípios básicos que devem ser observados em tal estilo e recomendações de natureza geral.

Princípios Básicos

Os princípios indispensáveis à redação científica podem resumir-se em **clareza**, **precisão**, **comunicabilidade** e **consistência**. Uma redação é **clara** quando não deixa margem a interpretações diversas da que o autor deseja comunicar. A linguagem rebuscada, cheia de termos desnecessários, desvia a atenção do leitor, confundindo-o, por vezes.

Ambiguidade, falta de ordem na apresentação de ideias, esbanjamento de termos e pouca fluência desencorajam o leitor, ao passo que a propriedade com que se expõem conceitos e a lógica em seu desenvolvimento constituem estímulo para prosseguimento da leitura.

Um autor é claro quando usa linguagem **precisa**, isto é, quando atenta para que cada palavra empregada traduza, exatamente, o pensamento que deseja transmitir. Expressões como "nem todos", "praticamente todos", "vários deles" são interpretadas de formas diferentes e tiram a força das afirmativas. Melhor seria indicar: "cerca de 90%", "quase metade" ou, com mais precisão: "93%", "45%".

É mais fácil ser preciso na linguagem científica do que na literária, na qual a escolha de termos é bem mais ampla. De qualquer forma, a seleção de termos inequívocos e a cautela no uso de expressões coloquiais devem estar sempre presentes na redação acadêmica.

Comunicabilidade é essencial na linguagem científica, em que os assuntos devem ser tratados de maneira direta e simples, com lógica e continuidade no desenvolvimento das ideias. O leitor perturba-se com uma leitura em que frases substituem simples palavras ou quando a sequência de ideias é interrompida por digressões irrelevantes.

É importante evitar ambiguidade em referências. O pronome relativo "que" é, frequentemente, responsável pelo sentido dúbio de frases. Exemplificando: "Os grupos de alunos foram organizados por turnos que considerados em conjunto..." É aí que o leitor se pergunta: "O que foi considerado em conjunto — os grupos ou os turnos?"

A pontuação também deve ser usada criteriosamente, facilitando a compreensão do texto. Pontuação em excesso cansa o leitor e, quando deficiente, não oferece clareza.

O princípio da **consistência** é um importante elemento no estilo e pode ser considerado dentro de três dimensões: consistência de expressão gramatical; consistência de categoria; e consistência de sequência.

1. *A consistência de expressão gramatical* é violada quando, por exemplo, em uma enumeração de três itens, o primeiro é um substantivo, o segundo, uma frase, e o terceiro, um período completo. Isso, sem dúvida, confunde e distrai o leitor. Outro caso seria o de uma enumeração cujos itens se iniciassem ora por substantivo, ora por verbo. No exemplo: "Na redação científica, cumpre observar, entre outras regras: (1) terminologia precisa; (2) pontuação criteriosa; (3) não abusar de sinônimos; (4) evitar ambiguidade nas referências", os itens (3) e (4), para que se observasse a consistência de expressão gramatical, teriam que ser assim enunciados: "(3) parcimônia no uso de sinônimos; (4) clareza nas referências".

2. *A consistência de categoria* reside no equilíbrio que deve ser mantido nas principais seções de um capítulo ou subseções de uma seção. Exemplificando: um capítulo cujas três primeiras seções se referissem, respectivamente, aos aspectos legais, filosóficos e sociológicos da profissionalização em nível de segundo grau, e em que a quarta seção tratasse de instrumentos para a medida de aptidões diferenciadas, estaria desequilibrado. A quarta seção, sem dúvida, apresenta matéria de categoria diferente da abordada pelas três primeiras, devendo, portanto, pertencer a um outro capítulo.

3. A terceira dimensão do princípio de consistência diz respeito à *sequência* que deve ser mantida na apresentação de capítulos, seções e subseções de um trabalho. Embora nem sempre a sequência a ser observada seja cronológica, existe, em qualquer enumeração, uma lógica inerente ao assunto e que, uma vez detectada, determinará a ordem em que capítulos, seções, subseções e quaisquer outros elementos deverão aparecer. Seja qual for a sequência adotada, o que importa é que reflita uma organização lógica.

Recomendações Gerais

O uso da terceira pessoa do singular e da voz passiva é recomendado na linguagem científica, que deve ser, o mais possível, impessoal.[3] Quanto ao tempo do verbo, o relatório final é redigido no passado, admitindo-se o presente quando apropriado. No projeto de pesquisa, tese ou dissertação emprega-se o tempo futuro, pois o texto refere-se a intenções e não a fatos já consumados, como é o caso do relatório final.

Expressões taxativas devem ser evitadas. Por exemplo, em vez de se dizer que "o resultado do teste da hipótese provou...", cabe, com mais propriedade, dado o caráter probabilístico inerente à estatística inferencial, afirmar que "o resultado do teste da hipótese apresentou evidências de que..."

Recomenda-se, também, cuidado no uso de sinônimos. Embora louvável, pois a variedade de termos evita repetições e embeleza o estilo, o leitor poderá ter dúvidas quanto à intenção quando o autor introduz novos termos — manter o mesmo significado do termo precedente ou introduzir uma diferença sutil?

Períodos curtos são de mais fácil compreensão que os longos, mas o autor experiente saberá manter-se entre o estilo telegráfico e o circunlóquio, entre a pobreza de expressão e a excessiva qualificação imprópria ao discurso científico. O essencial, entretanto, é que cada período seja compreendido facilmente, sem que haja necessidade de o leitor reportar-se a exposições anteriores. Ao mesmo critério deve obedecer a extensão dos parágrafos. Embora as ideias devam fluir livremente, se a matéria for longa demais merecerá reorganização para que, sem quebra da lógica e da clareza, possa distribuir-se em parágrafos cuja extensão ofereça conforto ao leitor, inclusive visualmente.

São esses alguns princípios e recomendações a que deve atender a boa redação científica. Não devem ser, entretanto, tão rigidamente observados a ponto de sufocarem o estilo pessoal. Não têm, também, a pretensão de assegurar a boa qualidade da redação, da mesma forma que o conhecimento de regras gramaticais não garante a boa qualidade da comunicação.

Indicação de Fontes Bibliográficas no Texto

Nesta seção, serão contemplados os estilos da APA (American Psychological Association) e da ABNT (Associação Brasileira de Normas Técnicas) para indicação de fontes bibliográficas no texto.

Estilo da APA

Citações

Servem para enriquecer um texto, dando-lhe maior clareza ou maior autoridade.

---

[3] A linguagem pessoal é recomendada em certos tipos de pesquisa como, por exemplo, na narrativa.

CAPÍTULO IV – Uniformização Redacional

A extensão de uma citação (transcrição *ipsis litteris*) determinará sua localização no trabalho. Quando tiver menos de 40 palavras, virá incorporada ao parágrafo, entre aspas. Exemplo:

Veja outro exemplo de citação no Anexo 8 e no site da LTC Editora.

> Ebel (1965) expressa ideia semelhante à de Vernon (1962), quando afirma que "testes não são alternativas para observação. No máximo, não passam de processos refinados e sistematizados de observação" (p. 26).

Citação longa, isto é, com 40 ou mais palavras, ficará abaixo do texto, em bloco, iniciando-se a 1,3 cm da margem esquerda, sem recuo de parágrafo. Se a citação tiver mais de um parágrafo, usa-se recuo de parágrafo na primeira linha do segundo e dos demais parágrafos. Esse recuo deve ter 1,3 cm. Exemplo:

> Ao tratarem de demonstração e argumentação, Mehrens e Lehmann (1973) adotam posição subscrita por inúmeros autores:
>
> ⊢1,3 cm⊣ Um teste de rendimento é usado para medir nível atual de conhecimento, de habilidades ou de desempenho de um indivíduo; um teste de aptidão é usado para predizer com que nível de sucesso um indivíduo pode aprender. No entanto, é comum dizer-se que a melhor forma de prever desempenho futuro é olhar-se para desempenho passado. (p. 397)

Trechos muito longos são, de preferência, parafraseados ou, então, cortados, sendo a parte omitida substituída por três pontos dentro de parênteses (...). Evitam-se omissões no início e no fim da citação. O uso do colchete — [ ] — reserva-se para a inclusão de material não pertencente à citação, porém necessário à sua compreensão.

Nas transcrições, conserva-se a pontuação do texto original. É indispensável citar a fonte da qual foi extraída a citação, indicando, entre parênteses, o sobrenome do autor, o ano da publicação e o número da página. Dependendo do lugar que a citação ocupa no texto, usam-se diferentes notações. No interior da frase, cita-se o trecho, entre aspas, seguido, entre parênteses, do nome do autor, do ano da publicação e do número da página: "..............." (Isaac & Michael, 1995, p. 157). Caso o nome do autor venha declarado antes da citação, a data da publicação da obra virá entre parênteses, após seu nome, seguindo-se ao trecho, entre aspas. Ao final da citação, vem o número da página, também entre parênteses: Isaac e Michael (1995) recomendam "............" (p. 157).

Em citações longas, feitas fora da frase e já introduzidas pelo nome do autor e data de publicação, basta ao final indicar, entre parênteses, o número da página.

Obras e Autores

A citação mais simples é a do sobrenome do autor, seguido do ano de publicação da obra entre parênteses. Caso a obra tenha dois autores, os dois são citados toda vez que mencionados no texto. Os sobrenomes dos autores virão coordenados pela conjunção "e", quando no correr do texto. Quando entre parênteses, pelo sinal &. Exemplo: Isaac e Michael (1971), mas (Isaac & Michael, 1971).

Quando a obra tem três, quatro ou cinco autores, todos são citados na primeira vez em que forem mencionados. Nas demais, inclui-se apenas o nome do primeiro autor, seguido da expressão "et al.", com a data da publicação entre parênteses.

Citações originárias de instituições, órgãos governamentais, associações, em que não há condições de identificar a autoria do texto, trazem somente a indicação do nome da fonte e a data da publicação. O nome é redigido por extenso apenas na primeira vez; nas subsequentes, é apresentado sob a forma de sigla. Exemplo: Associação Nacional de Pós-Graduação e Pesquisa em Educação na primeira vez e, apenas, ANPEd nas seguintes.

Quando publicações diversas têm autores de mesmo sobrenome, declaram-se as iniciais dos seus nomes (prenomes), evitando-se, assim, confusões.

Casos há em que as referências estão em várias obras de um mesmo autor. Recomenda-se, em tais casos, citar o nome do autor e as várias datas de publicação, em ordem cronológica. Quando, no mesmo ano, o autor publicou vários estudos, inserem-se letras minúsculas em ordem alfabética após o ano de publicação. Exemplo: (Campbell, 1969, 1971, 1972a, 1972b).

No caso de referências a vários autores, segue-se a ordem alfabética de seus nomes e não a cronológica dos estudos. Exemplo: Vários autores defendem esse ponto de vista (Ary et al., 1972; Campbell, 1963; Kerlinger, 1973; Travers, 1972).

Comunicações pessoais devem ser indicadas no texto, com o nome do autor seguido da comunicação e da data entre parênteses. Exemplo: William Michael (Comunicação pessoal, 20 de junho de 2001). Outra opção é colocar, após o texto, o nome do autor, a comunicação e a data entre parênteses. Exemplo: (William Michael, Comunicação pessoal, 20 de junho de 2001).

No caso de leis, pareceres, documentos governamentais, indicar o órgão principal, isto é, aquele ao qual os outros se subordinam. Por exemplo, quando se quer referenciar um Parecer do Conselho Nacional de Educação de 1992, no texto aparecerá Brasil, Conselho Nacional de Educação (1992).

Relatórios de pesquisas não publicados, trabalhos publicados em anais de congressos, prefácios ou apresentação de livros aparecem no texto com o sobrenome do autor e o ano, este entre parênteses.

Fontes secundárias são apresentadas no texto como ilustra o exemplo: Lienert (citado por Guilford & Fruchter, 1973). Nas referências bibliográficas, aparece apenas a fonte secundária.

Estilo da ABNT

Citações

Também no estilo ABNT, a extensão de uma citação (transcrição *ipsis litteris*) determinará sua localização no trabalho. Quando tiver até três linhas, virá incorporada ao parágrafo, entre aspas. Exemplo:

> Ebel (1965, p. 26) expressa ideia semelhante à de Vernon (1962), quando afirma que "testes não são alternativas para observação. No máximo, não passam de processos refinados e sistematizados de observação".

Citação longa, isto é, com mais de três linhas, ficará em bloco iniciado a 4 cm da margem esquerda, sem recuo de parágrafo, com fonte menor que a utilizada no texto e sem aspas. Exemplo:

> Ao tratarem de demonstração e argumentação, Mehrens e Lehmann (1973) adotam posição subscrita por inúmeros autores:

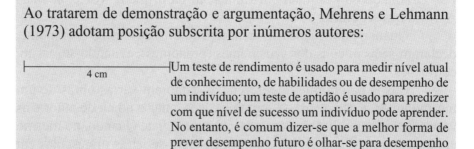

Trechos muito longos devem, no entanto, ser parafraseados ou cortados, sendo a existência de supressão indicada por três pontos dentro de colchetes [...]. Evitam-se omissões no início e no fim da citação. O uso de colchetes indica, ainda, a inclusão de acréscimos ou comentários à citação. Nas transcrições, conserva-se a pontuação do texto original.

É indispensável citar a fonte da qual foi extraída a citação, indicando, entre parênteses, o nome do autor, o ano da publicação e o número da página. Dependendo do lugar que a citação ocupa no texto, usam-se diferentes notações. No interior da frase, cita-se o trecho, entre aspas, seguido, entre parênteses, do sobrenome do autor em caixa alta, do ano da publicação e do número da página. Exemplo: "testes não são alternativas para observação. No máximo, não passam de processos refinados e sistematizados de observação" (EBEL, 1965, p. 26). Caso o nome do autor venha declarado antes da citação, a data da publicação da obra e o número da página virão entre parênteses após seu nome em caixa alta e baixa. Exemplo: Segundo Ebel (1965, p. 26), "testes não são alternativas para observação. No máximo, não passam de processos refinados e sistematizados de observação". Para citações longas, feitas fora da frase, vale a mesma regra utilizada para as citações curtas.

Obras e Autores

As fontes mais comumente citadas são livros ou textos com um ou mais autores. Nesses casos, cita-se o sobrenome do autor, seguido do ano de publicação da obra entre parênteses e, caso haja transcrição *ipsis litteris*, da página. Caso a obra tenha dois autores, os dois são citados toda vez que mencionados no texto. Os sobrenomes dos autores virão coordenados pela conjunção "e", quando inseridos no texto. Em caso de citações entre parênteses, devem ser separadas por ponto e vírgula. Quando citados entre parênteses, devem ser grafados em caixa alta. Exemplo: Isaac e Michael (1971, p. 20); e (ISAAC; MICHAEL, 1971, p. 20).

Citações originárias de instituições, órgãos governamentais, associações, em que não há condições de identificar a autoria do texto, trazem somente a indicação do nome da fonte e a data da publicação. O nome é redigido por extenso apenas na primeira vez; nas subsequentes, é apresentado sob a forma de sigla. Exemplo: Associação Nacional de Pós-Graduação e Pesquisa em Educação na primeira vez e, apenas, ANPEd nas seguintes.

Quando publicações diversas têm autores de mesmo sobrenome, declaram-se as iniciais dos seus nomes (prenomes), evitando-se, assim, confusões. Caso as iniciais também coincidam, cita-se o prenome por extenso.

Casos há em que as referências estão em várias obras de um mesmo autor. Recomenda-se, em tais casos, citar o nome do autor e as várias datas de publicação, separadas do nome por ponto e vírgula e entre si por vírgula, em ordem cronológica. Quando, no mesmo ano, o autor publicou vários estudos, ordenam-se as datas com letras minúsculas, em ordem alfabética. Exemplo: (CAMPBELL; 1969, 1971, 1972a, 1972b). No caso de referências a vários estudos de diferentes autores, os sobrenomes são separados do ano de publicação por vírgula, e as citações, entre si, por ponto e vírgula. Exemplo: Vários autores defendem esse ponto de vista (CAMPBELL, 1963; KERLINGER, 1973; TRAVERS, 1972).

Comunicações pessoais orais devem ser indicadas, no texto, pela expressão "informação verbal" entre parênteses. Em nota de rodapé, devem ser mencionados os dados disponíveis sobre a informação, tais como local e data em que foi prestada. Exemplo: William Michael considera a imprecisão do alvo a ser medido o problema mais sério em testes de larga escala de alto risco (informação verbal). Em nota de rodapé: entrevista concedida em 20 de junho de 2001.

No caso de leis, pareceres, documentos governamentais, a autoria é atribuída ao país, estado ou município, seguido do órgão emissor. Por exemplo, quando se quer referenciar um Parecer do Conselho Nacional de Educação de 1992, no texto aparecerá BRASIL, CONSELHO NACIONAL DE EDUCAÇÃO (1992).

Fontes secundárias são apresentadas no texto com a indicação, entre parênteses, da obra em que se encontra a citação precedida pela expressão apud. Exemplo: (Lienert, 1969 apud GUILFORD; FRUCHTER, 1973). Nas referências bibliográficas, aparece apenas a fonte secundária.

CAPÍTULO IV – Uniformização Redacional

Referências Bibliográficas

Nas referências bibliográficas, são incluídas apenas as obras indicadas efetivamente no corpo do projeto, da monografia, da dissertação ou da tese. Material consultado sem alusão explícita no texto não é referenciado, podendo aparecer em outra seção, sob o título Bibliografia Suplementar.

Há estilos diferentes para se fazerem referências bibliográficas. O preferido das autoras é o da American Psychological Association (APA, 2001), por prever, praticamente, todas as necessidades do autor acadêmico, ser simples e ter aceitação internacional. No entanto, para atender a leitores que necessitem utilizar as normas da Associação Brasileira de Normas Técnicas (ABNT) por exigências editoriais, resolvemos incluir, nesta edição, as que se ocupam de apresentação de citações em documentos (NBR 10520, 2002) e de referências bibliográficas (NBR 6023, 2002). A ABNT também dispõe de normas que orientam a elaboração de resumos (NBR 6028), a apresentação de artigos em periódicos (NBR 6022), a apresentação de publicações periódicas (NBR 6021), a de legenda bibliográfica (NBR 6026) e outras.

Os exemplos que se seguem ilustram diversas possibilidades com que o leitor poderá defrontar-se ao referenciar as fontes consultadas em um trabalho, apresentados primeiro sob o formato da APA e, depois, sob o da ABNT. Esclarecemos o leitor que as normas aqui apresentadas não pretenderam, nem poderiam, esgotar o conteúdo das normas produzidas quer pela APA, (2001) quer pela ABNT.[4] A própria ABNT sugere consulta ao Código de Catalogação Anglo-Americano vigente, para esclarecimento de casos omissos.

Estilo da APA

1. **Livro**
   Com autor único

   Gardner, H. (1999). *The disciplined mind*. New York: Simon & Schuster.

   > OBSERVE:
   > O último sobrenome do autor inicia a referência, seguido, depois de vírgula, das iniciais do prenome e dos sobrenomes intermediários. Depois do ponto vem a data, entre parênteses, seguida de um ponto. Após o ponto, vem o título do livro, em itálico, tendo apenas a primeira palavra indicada por letra maiúscula. A seguir, novamente após um ponto, vem a localidade da editora, cujo nome aparece após dois-pontos. A segunda e as demais linhas da referência iniciam-se sob a quinta letra da primeira linha (deslocamento de 0,9 cm) e são separadas com espaçamento igual ao do texto.

---

[4]Informações sobre como adquiri-las podem ser obtidas nas sedes regionais da ABNT. No Rio, Av. Treze de Maio, 13, 28º andar, Centro. Telefone: (21) 3974-2300.

Com mais de um autor
Kerlinger, F. N. & Pedhazur, E. J. (1973). *Multiple regression in behavioral research*. New York: Holt, Rinehart and Winston.

> OBSERVE:
>
> Os nomes dos autores são separados por vírgula, havendo entre o último e o seu antecedente o sinal &.

2. **Livro traduzido**
   Hunter, M. (1986). *Ensine mais: Mais depressa*. (Z. M. S. Enéas, trad.) Petrópolis: Vozes (Trabalho original publicado em 1969).

3. **Livro em edição revisada**
   Bastos, L. R., Paixão, L., Fernandes, L. M. & Deluiz, N. (2003). *Manual para a elaboração de projetos e relatórios de pesquisas, teses, dissertações e monografias* (Ed. rev.). Rio de Janeiro: LTC.

4. **Livro de autoria de sociedades, associações, entidades públicas ou similares**
   American Psychological Association (2001). *Publication manual* (5th ed.). Washington, D.C.: Autor.

> OBSERVE:
>
> Quando a própria associação publica o trabalho, no lugar do editor escreve-se Autor.

5. **Livro organizado**
   Patterson, D. (Org.) (1999). *A companion to philosophy of law and legal theory*. Malden, Massachusetts: Blackwell.

6. **Capítulo ou artigo em livro de textos**
   Magalhães Gomes, M. P. (2000). Teoria de aprendizagem como mudança conceitual: Uma abordagem de construção de conhecimento. In T. A. C. Granato (Org.). *A educação em questão: Novos caminhos para antigos problemas* (pp. 128-145). Petrópolis: Vozes.

> OBSERVE:
>
> O nome do organizador não tem sua ordem invertida, como acontece com o do autor. Além disso, o título em itálico é o do livro de textos e não o do trabalho objeto de interesse.

7. **Dissertações e teses não publicadas**
   Macedo, E. F. (1997). *História do currículo da pós-graduação em educação da Universidade Federal do Rio de Janeiro*. Tese de Doutorado, Faculdade de Educação, Universidade Estadual de Campinas.

8. **Trabalhos não publicados apresentados em encontros, congressos e simpósios**
   Bastos, L. R. (1992). Consumidor e produtor de estatísticas. In C. Sternick (Coord.). *A estatística em educação: Aspectos macro e micro*. Simpósio Nacional de Probabilidade e Estatística, Rio de Janeiro.

9. **Sumários**
   Macedo, E. (2000). *Abracadabra... O currículo constrói o cientista (sumário)*. Anais do III Congresso Luso-Brasileiro de História da Educação, p. 94.

10. **Trabalhos completos**
    Freyssenet, M. (1989). *As formas sociais da automatização*. Anais do Seminário Padrões Tecnológicos e Políticas de Gestão: Comparações Internacionais (pp. 93-119). São Paulo: USP/UNICAMP.

11. **Relatórios de pesquisa não publicados**
    Paixão, L. (1985). Projeto especial multinacional de educação Brasil-Uruguai-Paraguai: Avaliação do subprojeto capacitação de professores. Brasília: CNPq.

12. **Monografias não publicadas**
    Bastos, L. R. (1993). *Como tornar uma escola eficaz*. Monografia não publicada. Faculdade de Educação, Universidade Federal do Rio de Janeiro.

13. **Publicação com circulação restrita**
    Deluiz, N. (1985). *Perfil de escolaridade dos comerciários do Norte e Nordeste*. (Disponível no SESC – Serviço Social do Comércio, Departamento Nacional.)

    > OBSERVE:
    >
    > Para uma publicação de circulação limitada, dê entre parênteses, imediatamente após o título, o nome e, se possível, o endereço onde a publicação pode ser obtida.

14. **Artigo em revistas**
    Com autor único
    Shepard, L. A. (2000). The role of assessment in a learning culture. *Educational Researcher,* 29 (7), 4-14.

    Com mais de um autor
    Bastos, L. R., Michael, W. B. & Torres de Oliveira, D. (2001). A critique of the external product evaluation of the Brazilian undergraduate system of higher education. *International Review of Education*, 47 (1-2), 151-158.

15. **Artigos em jornais e revistas não especializadas**
    Com autor
    Bastos, L. R. (1999, 13 de julho). Provão, gastança improdutiva. *Gazeta Mercantil, Gazeta do Rio*, p. 2.

    Sem autor
    As capitais do capital (1993, 26 de maio). *Revista Exame*, pp. 46-53.

16. **Documentos Oficiais**
    Leis
    Brasil, Congresso Nacional (1996). Lei 9394/96. *Diário Oficial*, 15 de outubro.

    Pareceres
    Brasil, Conselho Nacional de Educação (CNE) (2001). *Parecer CNE/CP nº 9/2001*. Acessado em 30/10/2001. Disponível em: www.mec.gov.br/cne/ftp/PNCP/ CNCP009.doc

    Documentos Federais e Estaduais
    Brasil, Ministério de Educação e Cultura (1971). *Plano setorial de educação e cultura, 1972-1974*. Brasília: Secretaria-geral.

    Estado do Rio de Janeiro, Conselho Estadual de Educação (1973). Resolução n.º 68. *Diário Oficial*, 6 de junho.

17. **Apostilas**
    Bastos, L. R. & Carvalho, M. V. T. (1992). *Pesquisa etnográfica*. Apostila. Faculdade de Educação, UFRJ, Rio de Janeiro.

18. **Materiais não impressos**
    Filmes
    Maas, J. B. (Produtor) & Gluck, D. H. (Diretor) (1979). *Deeper into hypnosis* (Filme). Englewood Cliffs, NJ: Prentice-Hall.

> OBSERVE:
> Especifique o veículo entre parênteses imediatamente após o título [neste exemplo, o veículo é o filme; outros meios não impressos poderiam ser *videotapes*, diapositivos (*slides*) e outros]. Dê a locação do filme e o nome do distribuidor.

Fitas cassete
Bastos, L. R., Torres de Oliveira, D. (Produtoras) (2000). *Competências básicas do professor* (fita cassete de demonstração). Rio de Janeiro: Produção independente.

Fontes *on-line*
Brasil, MEC/INEP (1998). *O Exame Nacional de Cursos*. Acesso em 10/10/1999. Disponível em: http://www.inep.gov.br

> OBSERVE:
>
> As fontes da Internet devem indicar uma data (a da publicação original, a da atualização ou a de quando o material foi acessado) e, sempre que possível, os autores do documento.

Veja exemplos de referência bibliográfica no estilo APA no Anexo 9 e no site da LTC Editora.

Ordenação da lista de referências bibliográficas
A ordenação das fontes é feita alfabeticamente, sem numeração. Os nomes dos mesmos autores de várias obras referenciadas são repetidos, dentro dos mesmos formatos indicados para cada tipo de fonte (explicitados nos itens 1 a 18). O espaçamento entre as linhas intra e inter-referências é o mesmo utilizado no corpo do texto. Como há recuo de 0,9 cm a partir da segunda linha de cada fonte, a passagem de uma referência para a seguinte fica clara para o leitor.

Estilo da ABNT

Nos exemplos apresentados a seguir incluíram-se apenas os elementos indicados como essenciais a cada referência bibliográfica: autores, título, edição, local, editora e data de publicação (ABNT, 2002, p. 3, item 5C). Observe-se que **as referências são alinhadas apenas à margem esquerda**, em espaço simples e separadas entre si por espaço duplo.

1. **Livro**
   Com autor único

   GARDNER, H. **The disciplined mind**. 1st ed. New York: Simon & Schuster, 1999.

   > OBSERVE:
   >
   > O último sobrenome do autor inicia a referência, em caixa alta, seguido, depois, de vírgula, pela(s) inicial(ais) de seu(s) prenome(s) seguida(s) de ponto. Depois vem o título do livro, em negrito, separado, por ponto, da edição da obra se houver. Depois de um ponto, menciona-se a localidade da editora, cujo nome aparece após dois-pontos, separado, por vírgula, do ano de publicação.

   Com mais de um autor
   KERLINGER, F. N.; PEDHAZUR, E. J. **Multiple regression in behavioral research**. 1st ed. New York: Holt, Rinehart and Winston, 1973.

2. **Livro traduzido**
   HUNTER, M. **Ensine mais: mais depressa**. Tradução de Zilá Mattos de Simas Enéas. 7ª ed. Petrópolis: Vozes, 1986.

3. **Livro em edição revisada**
   BASTOS, L. R.; PAIXÃO, L.; FERNANDES, L. M; DELUIZ, N. **Manual para a elaboração de projetos e relatórios de pesquisas, teses, dissertações e monografias.** 6ª ed. rev. Rio de Janeiro: LTC, 2003.

4. **Livro de autoria de sociedades, associações, entidades públicas ou similares**
   AMERICAN EDUCATIONAL RESEARCH ASSOCIATION. **Publication Manual of the American Psychological Association.** 5th ed. Washington, D.C.: American Psychological Association, 2001.

5. **Livro organizado**
   MESSICK, R.; PAIXÃO, L.; BASTOS, L. R. (Orgs.). **Currículo: análise e debate.** 1ª ed. Rio de Janeiro: Zahar, 1980.

6. **Capítulo ou artigo em livro de textos**
   MAGALHÃES GOMES, M. P. R. Teoria de aprendizagem como mudança conceitual: uma abordagem de construção de conhecimento. In: GRANATO, T. A. C. **A Educação em questão: novos caminhos para antigos problemas.** 1ª ed. Petrópolis: Vozes, 2000. Cap. 6, p. 128-145.

7. **Dissertações e teses não publicadas**
   MACEDO, E. F. **História do currículo da pós-graduação em educação da Universidade Federal do Rio de Janeiro.** 1997. Tese (Doutorado em Educação) — Faculdade de Educação, Universidade Estadual de Campinas, Campinas.

8. **Trabalhos não publicados apresentados em encontros, congressos e simpósios**
   BASTOS, L. R. **Consumidor e produtor de estatísticas.** In Simpósio Nacional de Probabilidade e Estatística. Rio de Janeiro, Faculdade de Educação, Universidade Federal do Rio de Janeiro, Rio de Janeiro, 1992.

9. **Sumários**
   DELUIZ, N.; TREIN, E. S. **O trabalho e a qualificação profissional na visão de autores alemães e sua validade na discussão da educação/trabalho no Brasil.** In Anais da 43ª Reunião Anual da SBPC, 1991, p. 232-233.

10. **Relatórios de pesquisa não publicados**
    PAIXÃO, L. **Projeto especial multinacional de educação Brasil-Uruguai-Paraguai: avaliação do subprojeto capacitação de professores.** Brasília, CNPq. 1985.

11. **Monografias não publicadas**
BASTOS, L. R. **Como tornar uma escola eficaz**. Monografia não publicada. Faculdade de Educação, Universidade Federal do Rio de Janeiro, Rio de Janeiro, 1993.

12. **Publicação com circulação restrita**
DELUIZ, N. **Perfil de escolaridade dos comerciários do Norte e Nordeste**. 1985, SESC — Serviço Social do Comércio, Departamento Nacional.

13. **Artigo em revistas acadêmicas**
Com autor único
SHEPARD, L. A. The role of assessment in a learning culture. **Educational Researcher**, American Educational Research Association, v. 29, n. 7, p. 4-14, October 2000.

Com mais de um autor
BASTOS, L. R.; MICHAEL, W. B.; TORRES DE OLIVEIRA, D. A critique of the external product evaluation of the Brazilian undergraduate system of higher education. **International Review of Education**, UNESCO, Institute for Education, Hamburg, v. 47, n. 1-2, p. 151-158, March 2001.

14. **Artigos em jornais e revistas não especializados**
Com autor
BASTOS, L. R. Provão, gastança improdutiva. **Gazeta Mercantil, Gazeta do Rio**, Rio de Janeiro, p. 2. 13 de julho de 1999.

Sem autor
AS CAPITAIS DO CAPITAL. **Revista Exame**, 26 de maio de 1999, p. 46-53.

15. **Documentos oficiais**
Leis
BRASIL. Congresso Nacional. Lei n.º 5692, de 1971. **Diário Oficial**, Brasília, DF, 12 de agosto de 1971.

Pareceres
BRASIL, Conselho Nacional de Educação (CNE) (2001). **Parecer CNE/CP n.º 9/2001**. Disponível em: <www.mec.gov.br/cne/ftp/PNCP/CNCP009. doc. Acesso em: 30/10/2001.

Documentos Federais e Estaduais
BRASIL. Ministério da Educação e Cultura. **Plano Setorial de Educação e Cultura, 1972-1974**. Brasília, DF, 1972.

ESTADO DO RIO DE JANEIRO. Conselho Estadual de Educação. Resolução nº 68, de 1973. **Diário Oficial**, Rio de Janeiro, 6 de junho de 1973.

16. **Apostilas**
BASTOS, L. R.; CARVALHO, M. V. T. **Pesquisa etnográfica**. Apostila (Mestrado em Educação) — Faculdade de Educação, Universidade Federal do Rio de Janeiro, 1992.

17. **Materiais não impressos**
Filmes
CENTRAL do Brasil. Direção: Walter Salles Junior. Produção: Martire de Clermont-Tonnerre e Arthur Cohn. Roteiro: Marcos Bernstein, João Emanuel Carneiro; baseado em história original de Walter Salles Junior. Intérpretes: Fernanda Montenegro; Marilia Pêra; Vinicius de Oliveira; Sonia Lira; Othon Bastos; Matheus Nachtergaele e outros. [S.I.]: Le Studio Canal; Riofilme; MACT Productions, 1998. 1 filme (106 min), son., color., 35 mm.

Fitas cassete
BASTOS, L. R.; TORRES DE OLIVEIRA, D. **Competências básicas do professor**. Rio de Janeiro: Magistra, 2000. 1 fita cassete (46 min).

Fontes on-line
BRASIL, MEC/INEP. **O Exame Nacional de Cursos**. Disponível em: <http://www.inep.gov.br>. Acesso em: 27 de nov. de 2000.

Ordenação e localização da lista de referências bibliográficas
A ordenação das referências pode ser numérica (ordem de citação no texto) ou alfabética (sistema autor-data), sendo esta última a que mais facilita a recuperação das referências pelo leitor. No caso de opção pela ordem alfabética, existindo várias obras de um mesmo autor, da segunda em diante o nome do autor é substituído por uma linha contínua de 1,48 cm (seis espaços). Quanto à localização das referências, a ABNT indica que podem aparecer: (a) no rodapé; (b) no fim de texto ou de capítulo; (c) em lista de referências; e (d) antecedendo resumos, resenhas e recensões. As autoras deste Manual preferem, por motivos funcionais e estéticos, que a localização seja em lista de referências.

Veja exemplos de referência bibliográfica no estilo ABNT no Anexo 9 e no site da LTC Editora.

CAPÍTULO IV – Uniformização Redacional

Veja exemplo de tabela no Anexo 6 e no site da LTC Editora.

Tabelas

As tabelas apenas suplementam o texto; não o dispensam, nem tampouco o repetem. Quando bem construídas, o leitor tem diante de si dados altamente informativos em uma combinação de palavras ou de palavras e números que facilitam comparações e relacionamentos,

As tabelas são numeradas consecutivamente ao longo do trabalho e não são fechadas lateralmente. Acima da tabela, alinhados na margem esquerda, constam: na primeira linha, a palavra Tabela, seguida do seu número em algarismos arábicos. Na linha seguinte, inicia-se o título da tabela, em itálico, alinhado à margem esquerda, com as letras iniciais das palavras principais em maiúscula. Observe-se que, embora os títulos devam mencionar todos os elementos incluídos numa tabela, não devem ser muito longos, nem telegráficos. As tabelas transcritas de outros trabalhos devem conter a fonte (autor, ano, página).

As tabelas devem ser apresentadas próximas aos pontos em que foram mencionadas, referenciadas de forma explícita: "na Tabela 6"; "os dados da Tabela 5". Evitar expressões como "na tabela abaixo" ou "na tabela acima". Para as observações a respeito das tabelas (redigidas logo abaixo delas), usam-se as seguintes notações: letra, quando se esclarece qualquer dado da coluna; e asterisco, para o nível de probabilidade com que hipóteses são rejeitadas.

Veja exemplo de figura no Anexo 6 e no site da LTC Editora.

Figuras

Sob o título figuras, incluem-se gráficos, diagramas, mapas e ilustrações em geral.

As figuras são numeradas com algarismos arábicos para facilitar seu referenciamento e recebem título, localizado abaixo delas. O título, em caracteres normais, segue-se à expressão *Figura n$^{\underline{o}}$*, em itálico e seguido de ponto. Após o ponto, inicia-se o título da Figura, em caracteres normais, apenas com a primeira letra da palavra que inicia o título em maiúscula. Devem ser evitadas as palavras *abaixo* e *acima*, dada a impossibilidade de se determinar o local em que as figuras serão apresentadas.

Alíneas

As alíneas incluídas no corpo da dissertação ou tese seguem-se imediatamente aos dois-pontos, tendo como notação gráfica letra minúscula, entre parênteses, em ordem alfabética. Exemplo: Os objetivos do presente trabalho foram: (a) fornecer informações sobre a estrutura de uma dissertação ou tese; (b) apresentar normas de referenciamento e de citações bibliográficas para trabalhos técnicos e científicos; e (c) oferecer um modelo para normalização tipográfica de dissertações ou teses.

Notas de Rodapé

Veja exemplo de nota de rodapé no Anexo 8 e no site da LTC Editora.

Destinam-se a prestar esclarecimentos, comprovar ou justificar uma informação, cuja inclusão no texto possa prejudicá-lo. São comuns notas de rodapé que se referem a aspectos já mencionados no próprio trabalho.

São inseridas por comando dado ao computador, que as posiciona ao final da folha, sob uma linha horizontal, com espaçamento simples entre as linhas. As notas de rodapé são numeradas em arábicos consecutivos, ao longo de todo o trabalho.[5]

Emprego de Números

No corpo da dissertação ou tese, os números podem vir escritos por extenso ou apresentados em algarismos. Embora seja mais comum o emprego de algarismos arábicos, ainda persistem alguns casos em que prevalece o sistema romano. Exemplos: numeração de capítulos; sequências nominais no tempo (reis, papas, patriarcas etc.); e indicação de séculos.

Citações em que figuram algarismos são feitas *ipsis numeris*, isto é, exatamente como se apresentam no texto original, em arábicos ou romanos, minúsculos ou maiúsculos.

Números são escritos por extenso, quer cardinais quer ordinais, quando: (a) de zero a nove ou nono, por exemplo um, quinto etc.; e (b) em início de período, embora seja melhor que se evite iniciar período por número. Há casos em que se usa a notação em algarismos, mesmo com números inferiores a dez:

- unidades de medidas ou de tempo — exemplo: 3 mg a cada 5 dias;
- idades — exemplo: 7 anos;
- horários e datas — exemplo: às 7h30 min no dia 16 de junho de 2001;
- percentagens, percentis e quartis — exemplo: 5%, 3º percentil, 1º quartil;
- operações aritméticas — exemplo: dividir por 5;
- proporções — exemplo: 8:2;
- frações decimais ou ordinárias — exemplo: 3,5, 2½;
- quantias — exemplo: R$ 9,00;
- escores e pontos de uma escala — exemplo: obteve 4 pontos em uma escala de 7;
- referências ao próprio algarismo — exemplo: o número 6;
- número de páginas — exemplo: à página 3;
- seriação de 4 ou mais — exemplo: 1, 3, 5 e 7;
- comparações com outros números em sequências — exemplo: em 40 tentativas, 6 foram positivas.

---

[5] As remissões feitas às notas de rodapé são numeradas com algarismos arábicos sobrescritos, quando no corpo do texto.

Em observância a um paralelismo ou simetria de construção, números coordenados entre si devem trazer o mesmo tipo de notação, motivo pelo qual se recomenda evitar começar períodos com números. Tome-se como exemplo: "Foram relacionados 30 mulheres e 20 homens" (preferível a "Trinta mulheres e 20 homens foram relacionados").

Uso de Maiúsculas

Títulos de capítulos são escritos em caixa alta. Títulos de seções e de subseções de um capítulo levam maiúscula apenas nas letras iniciais das palavras principais. Igual procedimento aplica-se aos títulos de tabelas.

As subseções das subseções de um capítulo apresentam apenas a letra inicial da primeira palavra em maiúscula, o mesmo ocorrendo com o título de figuras.[6]

Quanto ao emprego de maiúsculas no correr do texto, adotam-se as normas aprovadas pela Academia Brasileira de Letras, que foram publicadas no Novo Dicionário da Língua Portuguesa e no *Aurélio Século XXI*, de Aurélio Buarque de Holanda Ferreira.

Abreviaturas e Siglas

Em uma dissertação ou tese não se deve abusar do uso de abreviaturas e de siglas, principalmente se isso tornar difícil a compreensão do texto. A não ser que sejam mais familiares aos leitores do que sua própria forma completa ou poupem, no texto, espaço que as justifiquem ou, ainda, para impedir repetições, as abreviaturas e as siglas devem ser evitadas.

De qualquer forma, na primeira vez em que são usadas devem vir acompanhadas pela forma completa: "A Universidade Federal do Rio de Janeiro — UFRJ — funciona na Cidade Universitária da Ilha do Fundão, mas algumas unidades da UFRJ ainda estão instaladas na Avenida Pasteur."

Existem siglas que podem ser usadas sem nenhuma explicação e que são mais conhecidas que sua forma completa: INSS, CLT, ABI, OAB etc. Algumas abreviaturas, entre latinas e brasileiras, já se estão tornando muito frequentes, como, por exemplo, i.v. (ipsis verbis); i.e. (isto é); S.M.J. (salvo melhor juízo); A/C (aos cuidados); id. (idem); N. da R. (nota da redação); N. do T. (nota do tradutor); op. cit. (obra citada).

---

[6]Consultar a seção "Disposição Gráfica — Títulos e Subtítulos", do Capítulo V deste Manual.

CAPÍTULO V

UNIFORMIZAÇÃO GRÁFICA

A uniformização gráfica, ou seja, a disposição consistente dos elementos básicos de um trabalho, independentemente da estética que oferece, ajuda o leitor, dando-lhe direção e facilidade no encontro da matéria. As normas da APA diferem das propostas pela ABNT e serão utilizadas, com algumas modificações, neste capítulo por serem mais aceitas internacionalmente.

Papel, Margens, Fonte, Corpo e Cor da Letra

As dissertações ou teses são digitadas em papel A4 branco, com margem esquerda de 3 cm e 2,5 cm para as margens direita, superior e inferior. O texto é digitado com alinhamento justificado, com espaço 1,5 entre as linhas, fonte Times New Roman ou Courier, corpo 12 e cor preta.

Disposição Gráfica

Folha de Rosto

O conteúdo da Folha de Rosto é todo digitado em alinhamento centralizado, com as margens do papel já estipuladas, atendendo às seguintes especificações:

Veja exemplo de folha de rosto no Anexo 1 e no site da LTC Editora.

1. Título do trabalho, em corpo 14 e caixa alta, junto à margem superior da folha, com espaço simples entre as linhas;
2. Espaço em branco equivalente a 7 *Enter*;
3. No 8º *Enter* digite em letra minúscula e corpo 12 a partícula *por*;
4. Espaço em branco equivalente a 7 *Enter*;
5. Nome do autor em corpo 12, com as iniciais maiúsculas;
6. Espaço em branco equivalente a 7 *Enter*;
7. Linha contínua com 21 caracteres (5,5 cm);
8. Espaço em branco equivalente a 7 *Enter*;
9. Tipo do trabalho (Tese, Dissertação, Monografia, Projeto etc.), instituição em que será apresentado e título a ser obti-

do, separados por espaço simples, corpo 12, com as iniciais das palavras principais em maiúscula;
10. Espaço em branco equivalente a 12 *Enter*; e
11. Mês e ano de apresentação do trabalho também em corpo 12.

Índice

Veja exemplo de índice no Anexo 3 e no site da LTC Editora.

Abre-se a página com o título ÍNDICE, em caixa alta, em alinhamento centralizado e fonte corpo 14, junto à margem superior da folha.

Tecle *Enter* uma vez com espaço 1,5 entre as linhas e digite a palavra Página, com inicial maiúscula, junto à margem direita da folha.

Tecle *Enter* uma vez, com espaço 1,5 entre as linhas e digite, em caixa alta, LISTA DE ANEXOS, LISTA DE FIGURAS e LISTA DE TABELAS, caso existam no trabalho, separadas por espaço simples e numeradas em algarismos romanos minúsculos, sob a palavra Página, sem ultrapassar a letra "i". O espaço entre cada lista existente e o número da página em que se encontra é preenchido com uma linha pontilhada.

Tecle *Enter* uma vez, com espaço 1,5 entre as linhas, e digite a palavra Capítulo, com a inicial maiúscula, junto à margem esquerda da folha. Tecle *Enter* uma vez com espaço 1,5 entre as linhas e digite, em caractere romano maiúsculo, o número do capítulo, sob a letra "i" da palavra Capítulo, seguido de ponto. Dê dois espaços depois do número do capítulo e digite seu título em caixa alta. Faça uma linha pontilhada até a palavra Página, colocando, em números arábicos, sob os números das páginas das Listas existentes, os das páginas dos capítulos, observando sempre que os números não devem ultrapassar a letra "i" da palavra Página.

As seções de cada capítulo são digitadas com espaço 1,5 entre as linhas do título do capítulo, iniciando-se com as letras das palavras principais em maiúsculas, a um recuo que corresponde a 1,5 cm contado da margem esquerda da folha.

Títulos de Capítulos ou de seções que ultrapassem cerca de 10 cm são endentados, continuando sob a 4ª letra da primeira palavra dos respectivos títulos.

As referências bibliográficas e, quando houver, os anexos são digitados em caixa alta, depois dos capítulos, sem numeração, e com início junto à margem esquerda da folha.

Texto

A primeira linha do texto de cada página, exceto a das que abrem capítulos, a das Referências Bibliográficas e a dos Anexos, começa junto à margem superior da folha. No corpo do texto, o espaçamento entre as linhas é de 1,5. Os parágrafos começam a 1,3 cm da margem esquerda.

O texto se separa dos subtítulos que o seguem por 2 *Enter*.

Títulos e Subtítulos

Em primeiro lugar, digita-se a palavra CAPÍTULO, com alinhamento centralizado, em caixa alta, seguida do respectivo número, em algarismos romanos maiúsculos, com três espaços 1,5 entre as linhas da margem superior. Tecle *Enter* duas vezes, com espaço 1,5 entre as linhas, e digite o título do capítulo em caixa alta e centralizado.

O primeiro nível do texto (tese, dissertação, monografia, pesquisa etc.) refere-se ao primeiro subtítulo ou seção do capítulo, se existente. Nesse caso, é digitado com as letras das palavras principais em maiúsculas. Sua posição é centralizada a uma distância do título do capítulo, obtida por 2 *Enter*, cada um dos quais com espaço 1,5 entre as linhas.

O segundo nível ou seção (*Segundo subtítulo*), subordinado ao precedente, é alinhado junto à margem esquerda e digitado com as letras das palavras principais em maiúsculas, em itálico, a uma distância do final do texto do primeiro subtítulo obtida por 2 *Enter*, com espaço 1,5 entre as linhas.

O terceiro nível ou seção (*Terceiro subtítulo*) é digitado na posição de parágrafo, em itálico e apenas com a primeira letra maiúscula, terminando em ponto. Após este, inicia-se o texto referente ao nível.

Se os títulos do primeiro e segundo níveis do capítulo excederem 10 cm, as linhas subsequentes serão separadas por espaço simples.

Veja espaço de títulos e numeração de páginas no Anexo 7 e no site da LTC Editora.

Figuras e Tabelas

A palavra *Figura* seguida do seu respectivo número arábico é digitada em ***itálico***, apenas com a inicial em letra maiúscula, seguida de ponto, após o qual digita-se o título da Figura, apenas com a inicial da primeira palavra em maiúscula, terminando em ponto.

A palavra Tabela e seu respectivo número arábico são digitados junto à margem esquerda da folha. Na linha seguinte, digita-se o título da tabela com as letras iniciais das principais palavras em maiúsculas e em itálico. Se houver mais de uma linha, as que a seguem se alinham pelo início da primeira, com espaço simples entre elas.

Veja figuras e tabelas no Anexo 6 e no site da LTC Editora.

Citações

Citação curta, com menos de 40 palavras, é incorporada ao texto, entre aspas, com indicação entre parênteses da fonte e na obra consultada da página em que se encontra.

Citações longas, com 40 ou mais palavras, são digitadas em bloco, com espaço 1,5 entre as linhas. O bloco é endentado 1,3 cm a partir da margem esquerda. Caso a citação tenha mais de um parágrafo, os subsequentes devem ser endentados 1,3 cm a partir da endentação inicial do bloco.

Veja exemplo de citação no Anexo 8 e no site da LTC Editora.

CAPÍTULO V – Uniformização Gráfica

Veja exemplo
de notas de rodapé
no Anexo 8 e no
site da LTC Editora.

Notas de Rodapé

Para inserir Notas de Rodapé, aja da seguinte forma:

1. Clique onde deseja inserir a marca de referência de nota;
2. No menu Inserir, clique em Not<u>a</u>s...;
3. Clique em <u>N</u>ota de rodapé, caso não esteja selecionada;
4. Em Numeração, clique na opção desejada;
5. Clique em OK. O Word insere o número (ou o símbolo) da nota e coloca o ponto de inserção ao lado da opção escolhida;
6. Digite o texto da nota;
7. Retome o texto e continue a digitação.

Veja exemplo de
referências bibliográficas
no Anexo 9 e no
site da LTC Editora.

Referências Bibliográficas

O título REFERÊNCIAS BIBLIOGRÁFICAS é digitado em caixa alta, na margem superior da folha seguinte à do final do trabalho. A formatação das referências, quer no estilo da APA quer no da ABNT, encontra-se especificada na seção Referências Bibliográficas do Capítulo IV.

Numeração de Páginas

As páginas são numeradas, à exceção da folha de rosto que, embora contada, não traz seu número digitado.

Usam-se dois tipos de algarismos — o arábico e o romano. Reserva-se a seriação romana em minúsculas (i, ii, iii, iv, v, vi, vii, viii, ix, x) para as páginas pré-textuais ou preliminares, e a seriação em maiúsculas apenas para a numeração dos capítulos. Assim, as páginas preliminares, anteriores ao Capítulo I, são numeradas com algarismos romanos minúsculos, no centro das margens inferiores. A partir desse capítulo, até o final do trabalho, a numeração é arábica.

As páginas devem ser numeradas em algarismos arábicos localizados no centro da margem inferior da página.

Veja exemplo
de listas no
Anexo 4 e no
site da LTC Editora.

Listas de Anexos, de Figuras e de Tabelas

Abre-se a página com o título LISTA DE ANEXOS (DE FIGURAS ou DE TABELAS), em caixa alta, em alinhamento centralizado, corpo 14, junto à margem superior da folha.

Tecla-se *Enter* 3 vezes com espaço 1,5 entre as linhas e digita-se a palavra Anexo (ou Figura ou Tabela), com inicial maiúscula, junto à margem esquerda da folha. Na mesma linha, junto à margem direita da folha, digita-se a palavra Página, com inicial maiúscula.

Tecla-se *Enter* uma vez, com espaço 1,5 entre as linhas e digitam-se os títulos dos Anexos (ou das Figuras ou das Tabelas), em ordem numérica (arábica). Caso o título ultrapasse 10 cm de uma linha, continua-se na linha subsequente sob a 3ª letra da primeira palavra que o inicia, ou seja, a um recuo de 2 cm da margem esquerda.

Folhas de Apresentação de Anexos e de Referências Bibliográficas

    O título das folhas introdutórias aos Anexos e às Referências é digitado em caixa alta, no meio da página. Veja, por exemplo, a apresentação dos anexos deste Manual que ilustra uma Folha de Apresentação.

WWW
Veja também exemplo de folha de apresentação no site da LTC Editora.

REFERÊNCIAS BIBLIOGRÁFICAS

American Psychological Association (APA) (2001). *Publication manual* (5th ed.). Washington: Autor.
Associação Brasileira de Normas Técnicas (ABNT) (2002). *NBR 6023*. Rio de Janeiro: Autor.
Associação Brasileira de Normas Técnicas (ABNT) (2002). *NBR 10520*. Rio de Janeiro: Autor.

GLOSSÁRIO DE TERMOS BÁSICOS EM PESQUISA

AMOSTRA. Subconjunto de elementos de uma população.

AMOSTRA ACIDENTAL. Considerado o menos defensável dos tipos de amostras, consiste em subconjunto de uma população escolhido por se encontrar mais à mão.

AMOSTRA ALEATÓRIA. O mesmo que amostra randômica ou probabilística.

AMOSTRA PROPOSITAL. Subconjunto de uma população cujo processo de seleção é caracterizado por uso de julgamento, no sentido de que a amostra selecionada seja representativa, pela inclusão de áreas ou de grupos presumivelmente típicos da população de interesse.

AMOSTRA RANDÔMICA (aleatória ou probabilística). Subconjunto de uma população, selecionado de tal forma que todos os possíveis subconjuntos de tamanho semelhante contidos na mesma população apresentem a mesma probabilidade de serem selecionados.

AXIOMA (postulado). Proposição não "provada" no sistema de uma teoria e da qual se deduzem, por regras de inferência, outras proposições — os teoremas (Woodger, J. H. (1939) The technique of theory construction. In *International Encyclopedia of Unified Science,* 2 (5)).

CONSTRUCTO. Conceito deliberada e conscientemente inventado ou adotado para uma finalidade científica específica. Exemplo: inteligência, quando usada em um contexto psicológico; densidade, como relação entre volume e massa de um corpo etc.

CORRELAÇÃO. Processo estatístico expresso por um índice que varia de +1 a −1 e que indica o grau de relacionamento entre dois conjuntos de medidas, obtidos de um mesmo grupo de indivíduos.

CRÍTICA EXTERNA (em pesquisa histórica). Exame de fontes ou de documentos históricos para verificar sua autenticidade.

CRÍTICA INTERNA (em pesquisa histórica). Exame do conteúdo e do significado de uma fonte ou documento com o objetivo de verificar até que ponto apresenta coerência com informações sobre o mesmo fato histórico colhidas em outras fontes.

DEFINIÇÃO CONSTITUTIVA. Definição em que constructos e conceitos são definidos por outros constructos e conceitos. Exemplo: inteligência é a capacidade de pensar abstratamente.

DEFINIÇÃO OPERACIONAL. Definição que empresta significado a um constructo ou a uma variável pela especificação das atividades ou operações necessárias à sua mensuração. Exemplo: inteligência é o resultado da aplicação do teste de Binet-Simon.

DESIGN (MODELO) DE PESQUISA. É o plano, a estrutura e a estratégia de investigação, concebidos pelo pesquisador, para obter respostas às suas indagações e para controlar variância.

EMPÍRICO. Relativo à observação de uma realidade externa ao indivíduo. Neste sentido, todo conhecimento adquirido pelo método científico é, por natureza, empírico, embora nem todo conhecimento empírico possa ser considerado científico.

ERRO TIPO I. Erro que ocorre quando o pesquisador rejeita a hipótese nula, quando não deveria. A probabilidade de se cometer um erro tipo I é determinada pelo nível de significância (α, alfa) que o pesquisador adota.

ERRO TIPO II. Erro que ocorre quando o pesquisador deixa de rejeitar a hipótese nula, quando deveria. A probabilidade (β, beta) de cometer um erro tipo II é determinada pela magnitude do efeito experimental, pelo tamanho da amostra e do erro devido ao acaso, e pelo nível de significância fixado.

ESCALA DE RAZÃO. Escala de medida que, além de classificar, ordenar e ter como pressuposto a existência de intervalos iguais, apresenta um **zero absoluto**. Tal escala permite que se façam comparações entre seus valores, em termos de razão ou proporção. Exemplos de variáveis medidas em escala de razão: altura, temperatura (Kelvin), massa etc.

ESCALA INTERVALAR. Escala de medida que, além de classificar e ordenar elementos ou valores, pressupõe a existência de **intervalos iguais**, de tal forma que a distância entre quaisquer pares de valores é conhecida e pode ser comparada. Exemplos de variáveis tipicamente medidas em escala intervalar: inteligência, rendimento escolar, temperatura (Fahrenheit e centígrada).

ESCALA NOMINAL. Escala de medida que **classifica** elementos em duas ou mais categorias mutuamente excludentes, indicando que são diferentes, embora sem nenhuma especificação de ordem ou de magnitude. Exemplo: classificação quanto a filiação religiosa, a sexo, a filiação política e a outras variáveis de natureza semelhante, igualmente não quantificáveis.

ESCALA ORDINAL. Escala de medida em que elementos ou valores são, além de classificados, **ordenados** segundo magnitude. Exemplos de variáveis tipicamente medidas em escala ordinal: atitudes e opiniões.

FIDEDIGNIDADE (precisão). Grau de exatidão ou precisão dos resultados fornecidos por um instrumento de medida, independentemente da variável que está sendo medida; tendência de um instrumento de medida fornecer resultados consistentes e estáveis, relativamente livres de erro.

GROUNDED THEORY. O termo foi cunhado por Glaser e Strauss, que definem esse tipo de teoria como aquela que se ajusta a situações sob pesquisa e funciona quando colocada em uso. Por "se ajusta" os autores querem dizer que as categorias devem ser prontamente aplicáveis e devem surgir dos dados estudados. Por "funciona" entendem que elas devem ser significativamente relevantes e capazes de explicar o fenômeno em estudo. (Glaser, B. G. & Strauss, A. L. (1967). *The discovery of grounded theory*. Chicago: Aldine.)

HIPÓTESE. Proposição provisória que fornece respostas condicionais a um problema de pesquisa, explica fenômenos e/ou antecipa relações entre variáveis, direcionando a investigação.

HIPÓTESE ALTERNATIVA (H_1). Hipótese estatística que permanece defensável quando a nula (H_0) é rejeitada.

HIPÓTESE ESTATÍSTICA. Afirmativa sobre um ou mais parâmetros de uma população. Há duas formas de hipóteses estatísticas: nula (H_0) e alternativa (H_1), das quais apenas a primeira é submetida a teste.

HIPÓTESE NULA (H_0). Afirmativa sobre um ou mais parâmetros de uma população submetida a teste estatístico.

MÉDIA. Medida de tendência central que corresponde à soma de todos os valores de uma distribuição, dividida pela frequência total de casos. É o centro de gravidade ou ponto de equilíbrio de uma distribuição.

MEDIANA. Medida de tendência central que corresponde ao ponto de uma distribuição de valores que separa os 50% de casos superiores dos 50% inferiores.

MEDIDAS DE TENDÊNCIA CENTRAL. Pontos em torno dos quais os valores de uma distribuição tendem a se agrupar. Incluem a média, a mediana e a moda.

MEDIDAS DE VARIABILIDADE. Valores que indicam o nível de dispersão das observações que formam uma distribuição. Incluem a amplitude, o intervalo semi-interquartílico, a média dos desvios, a variância e o desvio-padrão.

METATEORIA. Teoria que se ocupa com o desenvolvimento, a investigação ou a descrição da própria teoria, especificando regras para sua construção e avaliação.

MÉTODO CIENTÍFICO. Processo sistemático de aquisição de conhecimento que segue uma série de passos interdependentes que, para efeitos didáticos, podem ser apresentados na seguinte ordem: definição do problema (obstáculo ou pergunta que necessita de uma solução); formulação de hipóteses (explicações para o problema); raciocínio dedutivo (dedução de implicações das hipóteses formuladas); coleta e análise de dados (observação, teste e experimentação das implicações deduzidas das hipóteses — teste das hipóteses); rejeição ou não das hipóteses (análise dos resultados para determinar se há evidências que rejeitam ou não as hipóteses).

MODA. Medida de tendência central que corresponde ao valor de maior frequência em uma distribuição.

MODELO. Analogia descritiva usada para ajudar a visualizar, geralmente de forma simplificada e miniaturizada, fenômenos que não podem ser fácil ou diretamente observados.

NÍVEL DE SIGNIFICÂNCIA (ALFA, α). Probabilidade de rejeição de uma hipótese nula, fixada pelo pesquisador.

PARADIGMA. No sentido de Thomas S. Kuhn (1962), em *The structure of scientific revolutions*, Chicago: The University of Chicago Press, o termo representa grandes formulações teóricas que servem implicitamente, por um período de tempo, para legitimar problemas e métodos dentro de determinado campo de conhecimento, para gerações de pesquisadores. Exemplo: a Química de Lavoisier, a Eletricidade de Newton, a Filosofia de Aristóteles, a Física de Einstein etc. Os paradigmas apresentam duas características básicas: (1) são suficientemente inovadores, a ponto de atrair adeptos de outras modalidades de atividades científicas; e (2) são suficientemente abertos, permitindo que toda sorte de problemas seja resolvida por seus adeptos.

PARÂMETRO. Medida calculada a partir de todas as observações de uma população. É designado por letras gregas. Por exemplo, os símbolos da média e do desvio-padrão de uma população são, respectivamente, representados por μ e δ.

PESQUISA-AÇÃO. No sentido de J. W. Best (1977) em *Research in education*, New Jersey: Prentice-Hall, o termo se refere a uma pesquisa de aplicação imediata que não visa ao desenvolvimento de teoria nem a uma aplicação geral. Sua ênfase é a resolução de um problema, aqui e agora, em local definido, podendo utilizar diferentes métodos de pesquisa.

PESQUISA ETNOGRÁFICA. Investigação que localiza a seguinte questão: "Qual é a cultura deste grupo?" O principal método dos etnógrafos é a observação participante, na tradição da antropologia. Isso significa trabalho de campo intensivo, no qual o pesquisador imerge na cultura sob estudo e interpreta os resultados em uma perspectiva cultural.

PESQUISA EXPERIMENTAL. Tipo de investigação empírica na qual o pesquisador manipula e controla uma ou mais variáveis independentes e observa as variações decorrentes da manipulação e do controle sobre uma ou mais variáveis dependentes.

PESQUISA *EX POST FACTO*. Tipo de investigação empírica na qual o pesquisador não tem controle direto sobre a(s) variável(is) independente(s), porque suas manifestações já ocorreram ou porque ela(s) é(são), por natureza, não manipulável(is). Nesta modalidade de pesquisa, inferências sobre relações entre variáveis são feitas sem intervenção direta, a partir da variação concomitante de variáveis independentes e dependentes.

PESQUISA HISTÓRICA. Investigação crítica de fatos, desenvolvimentos e experiências do passado, com cuidadosa consideração sobre as validades interna e externa das fontes de informação, e interpretação das evidências obtidas.

PESQUISA METODOLÓGICA. Investigação controlada dos aspectos teóricos e aplicados da medida, matemática e estatística, e das formas de obter e analisar dados.

PESQUISA PARTICIPANTE. É um processo de pesquisa no qual a comunidade participa da análise de sua própria realidade, com vistas a promover uma transformação social em benefício dos participantes. É, portanto, uma atividade de pesquisa educacional orientada para a ação (Demo, P. (1985). In C. R. Brandão (Org.). *Repensando a pesquisa participante*. São Paulo: Brasiliense.)

POPULAÇÃO. Uma totalidade de quaisquer elementos que possuam uma ou mais características em comum que os definam.

POSTULADO. O mesmo que axioma.

PRECISÃO. O mesmo que fidedignidade.

PRESSUPOSTO. Afirmação aceita sem contestação e não investigada no âmbito de uma pesquisa.

PRESSUPOSTO CONCEITUAL. Afirmação que envolve matéria conceitual e que é aceita sem contestação no âmbito de uma pesquisa. Ao pesquisar as características do professor, David R. (1960), em *Characteristics of teachers*. Washington, D.C.: American Council of Education, colocou, entre outros pressupostos, os seguintes: (a) o comportamento do professor é função de fatores situacionais e de características do professor; e (b) o comportamento do professor é observável.

PRESSUPOSTO METODOLÓGICO. Afirmação que envolve matéria metodológica, relacionada a técnicas de coleta, teste e interpretação de dados, aceita sem contestação ou verificação no âmbito de uma pesquisa. Por exemplo, em um estudo experimental que envolvesse diferentes métodos de ensino poder-se-ia tomar como pressuposto metodológico que a designação aleatória dos sujeitos para os diferentes métodos de ensino serviria para controlar ou equalizar os efeitos de fatores que poderiam afetar os resultados da pesquisa.

PROBLEMA DE PESQUISA. Consiste em uma pergunta ou afirmação que revela uma situação de inquietação, perplexidade, lacuna, diante de algum aspecto do conhecimento, que leva à definição de um objetivo e à formulação de indagações ou hipóteses.

RANDÔMICO. Vide amostra randômica (ou aleatória).

TEOREMA. Proposição derivada de axiomas (postulados), por regras de inferência.

TEORIA. Em sua forma mais simples, teoria é uma construção simbólica delineada para reunir fatos generalizáveis (leis) em conexão sistemática. Consiste em (a) um conjunto de unidades (fatos, conceitos, variáveis) e (b) um sistema de relações entre as unidades. (Snow, R. E. (1973). Theory construction for research on teaching. In R. M. W. Travers (Ed.). *Second handbook of research on teaching*. Chicago: Rand McNally.)

TEÓRICO. Relativo a teoria. No contexto científico, não pode, de forma alguma, ser confundido com aquilo que se contraponha ao empírico ou com aquilo que negue a prática.

TESTE ESTATÍSTICO. Procedimento por meio do qual hipóteses nulas são testadas, à luz de dados obtidos de amostras. Exemplos: teste "t", análise de variância, qui-quadrado e outros.

TRIANGULAÇÃO. Técnica utilizada para cotejar e corroborar informações obtidas de diversas fontes.

VALIDADE. Propriedade de um instrumento de medida que reflete até que ponto ele realmente mede o que pretende medir.

VALIDADE DE CONSTRUCTO. Nível em que um ou mais instrumentos de medida, que se supõe meçam determinado constructo, produzem resultados congruentes com hipóteses derivadas dos postulados da teoria de que faz parte aquele constructo.

VALIDADE DE CONTEÚDO. Nível em que um instrumento de medida reflete os conteúdos e objetivos que pretende mensurar.

VALIDADE EXTERNA. Com relação a *designs* (esquemas de pesquisa) experimentais e quase experimentais, refere-se à medida em que resultados obtidos em determinada pesquisa podem ser generalizados. Pode ser sintetizada na pergunta: para que sujeitos, ambientes e tratamentos podem os resultados do estudo ser aplicados?

VALIDADE INTERNA. Com relação a *designs* (esquemas de pesquisa) experimentais e quase experimentais, refere-se à possibilidade de o pesquisador indicar evidências de que, em determinado experimento, ao(s) tratamento(s) deveram-se modificações observadas na(s) variável(is) dependente(s). Pode ser sintetizada na pergunta: em que medida efeitos observados são passíveis de serem atribuídos a um tratamento (variável independente)?

VALIDADE PREDITIVA. Nível em que, pela aplicação de um teste a determinado grupo, pode-se prever desempenho desse grupo em áreas correlatas à mensurada pelo teste. Exemplo: validade preditiva do exame vestibular em relação ao desempenho dos alunos na universidade.

VARIÁVEL. Símbolo ao qual se designam valores numéricos. Exemplo: inteligência, rendimento, sexo, nível socioeconômico.

VARIÁVEL ATIVA. Variável que, por sua natureza, pode ser manipulada pelo pesquisador. Exemplo: método de ensino, condições físicas da sala de aula, tempo concedido à instrução, tamanho de turma.

VARIÁVEL CATEGÓRICA. Também denominada classificatória, é a que assume valores descontínuos. Exemplo: sexo, filiação a partido político, preferência religiosa, nacionalidade etc. Quando assume apenas dois valores, a variável categórica é denominada dicotômica. Exemplo: sexo.

VARIÁVEL CONTÍNUA. É a que pode assumir um conjunto ordenado de valores dentro de determinada amplitude. Exemplo: idade, rendimento escolar, dogmatismo, inteligência.

VARIÁVEL DE ATRIBUTO. Variável que, por sua natureza, não pode ser manipulada pelo pesquisador. Exemplo: sexo, aptidão acadêmica, nível socioeconômico, condições de saúde.

VARIÁVEL DEPENDENTE. Efeito presumido de uma variável independente. Exemplo: quando se relaciona inteligência com rendimento escolar, a variável dependente é rendimento escolar.

VARIÁVEL ESTRANHA. Variável independente não relacionada aos objetivos de uma pesquisa, mas capaz de afetar sua variável dependente. Por exemplo, em um estudo em que se desejasse investigar os efeitos de método de ensino sobre rendimento escolar a variável inteligência poderia atuar como variável estranha, pois, como se sabe, é capaz de afetar o rendimento escolar.

VARIÁVEL INDEPENDENTE. Causa presumida de uma variável dependente. Por exemplo, no relacionamento entre inteligência e rendimento escolar inteligência é a variável independente. Convém observar que a classificação de uma variável em dependente ou independente é feita de acordo com sua função no relacionamento. Assim, a variável inteligência, classificada como independente no exemplo anterior, pode assumir a função de dependente. Ilustração clássica é a de estudos que investigam os efeitos de subnutrição pré-natal sobre o nível de inteligência.

VARIÁVEL INTERVENIENTE. Constructo que se refere a processos psicológicos internos e não observáveis que, por sua vez, são responsáveis pela ocorrência de comportamentos. Por exemplo, hostilidade (variável interveniente) é inferida por atos agressivos; ansiedade (variável interveniente) é inferida por reações da pele, batidas cardíacas e resultados de testes.

ANEXOS

Lista de Anexos

Anexos	Páginas
1. Folha de Rosto	57
2. Página de Aprovação	59
3. Índice	61
4. Lista de Anexos, de Figuras e de Tabelas	65
5. Resumo (*Abstract*)	69
6. Tabelas e Figuras	73
7. Disposição e Espaçamento de Títulos e Subtítulos e Numeração de Páginas	77
8. Citações e Notas de Rodapé	83
9. Referências Bibliográficas (nos Estilos APA e ABNT)	85
10. Exemplos de Projetos de Pesquisa, de Monografia e de Memorial	89

ANEXO 1

FOLHA DE ROSTO

Anexo 1

A ALFABETIZAÇÃO NA ESCOLA PÚBLICA ESTADUAL
NO RIO DE JANEIRO

por

Denize Pereira Torres de Oliveira

Dissertação Apresentada à
Faculdade de Educação
Universidade Federal do Rio de Janeiro
Como Requisito Parcial à Obtenção do Título de Mestre

Dezembro, 1987

ANEXO 2

PÁGINA DE APROVAÇÃO

Anexo 2

UNIVERSIDADE FEDERAL DO RIO DE JANEIRO
CENTRO DE FILOSOFIA E CIÊNCIAS HUMANAS
FACULDADE DE EDUCAÇÃO

A dissertação   TEMPO DO ALUNO NA SALA DE AULA:
                     AUMENTO OU MELHOR UTILIZAÇÃO?

elaborada por   Virginia Luiza Ferraz Goulart

e aprovada por todos os membros da Banca Examinadora foi aceita pela Faculdade de Educação e homologada pelo Conselho de Ensino para Graduados e Pesquisa, como requisito parcial à obtenção do título de

MESTRE EM EDUCAÇÃO

Data   30 de janeiro de 1986

BANCA EXAMINADORA

....

....

....

ANEXO 3

ÍNDICE

ÍNDICE

Página

LISTA DE ANEXOS vi
LISTA DE FIGURAS vii
LISTA DE TABELAS ix

Capítulo
    I. O PROBLEMA 1
        Introdução
        Formulação da Situação-Problema
        Objetivo do Estudo
        Justificativa
        Questões a Investigar
        Hipóteses
        Pressupostos
        Delimitação
        Definição de Termos e Abreviações
        Organização do Restante do Estudo

    II. REVISÃO DA LITERATURA 11
        Programas Universitários Alternativos
        A Pesquisa sobre Cursos Intensivos
        Fatores que Podem Influenciar a Aprendizagem em
            Cursos Intensivos
        Avaliação sem Referência a Objetivos
        Programa de Mestrado Intensivo UFRJ/UFJF

    III. METODOLOGIA 36
        Modelo do Estudo
        Seleção dos Sujeitos
        Tratamento Experimental

Instrumentação
Coleta de Dados
Tratamento Estatístico
Pressupostos Metodológicos
Limitações do Método

IV. APRESENTAÇÃO DOS RESULTADOS 46
    Efeito de Regime de Curso sobre Rendimento em Metodologia
       da Pesquisa em Educação
    Avaliação de Efeitos Pretendidos pelo Mestrado
    Avaliação de Efeitos Não Pretendidos pelo Mestrado

V. CONCLUSÕES E RECOMENDAÇÕES 60

    REFERÊNCIAS BIBLIOGRÁFICAS 68

    ANEXOS 73

ANEXO 4

LISTA DE ANEXOS, DE FIGURAS E DE TABELAS

LISTA DE TABELAS

Tabela   Página

1. Distribuição dos Mestrandos que Responderam ao Questionário, Segundo Categoria Funcional e Área em que Atuam 43

2. Análise de Covariância 46

3. Resultados Finais de Metodologia da Pesquisa em Educação 47

4. Distribuição das Ocorrências de Ordem Profissional Indicadas como Decorrentes do Mestrado, Segundo Área de Atuação do Aluno 49

5. Distribuição dos Efeitos de Natureza Pessoal Indicados como Decorrentes do Mestrado, Segundo a Área de Atuação do Aluno 51

6. Distribuição das Opiniões sobre a Influência do Mestrado nas Relações Interunidades da UFJF 52

7. Distribuição das Opiniões sobre a Influência do Curso nas Atividades das Diversas Unidades da UFJF 53

ANEXO 5

RESUMO (*ABSTRACT*)

RESUMO*

Este artigo apresenta uma descrição geral e uma crítica do Exame Nacional de Cursos (ENC), popularmente conhecido como Provão, aplicado pelo governo brasileiro para avaliar o rendimento de alunos universitários em cursos de áreas selecionadas. Após a descrição do teste, de seus objetivos e de controvérsias sobre sua aplicação, discutem-se problemas implícitos à utilização de medidas de larga escala, tanto das tradicionais como das de uso corrente. A seção final ocupa-se do julgamento do ENC, com base em inúmeras dificuldades ligadas a suas características psicométricas, a seu alto custo e a sua pífia eficácia.

*ABSTRACT**

This article presents an overview and critique of the compulsory National Courses Examination (ENC) known as the Provão, that is administered by the Brazilian government to evaluate the achievement of college students in selected course areas. Subsequent to a description of the examination itself, its purposes and its controversial uses, problems underlying traditional and current large scale measurement endeavors are discussed. The closing section is concerned with the final judgement of the ENC that reflects a number of difficulties in its psychometric characteristics, its high cost, and its piffle effectiveness.

*Resumo e *Abstract* do artigo A Critique of the External Product Evaluation of the Brazilian System of Undergraduate Education, de autoria de Lília da Rocha Bastos (Universidade Federal Rio de Janeiro), William Burton Michael (University of Southern California) e Denize Pereira Torres de Oliveira (Universidade Severino Sombra), publicado em 2001 na *International Review of Education*, 47 (1-2), 151-158.

ANEXO 6

TABELAS E FIGURAS

Tabela 1

Distribuição dos Alunos das Turmas X e Y
Segundo Conceitos Obtidos na 2ª Prova Bimestral

Turma	\multicolumn{5}{c}{Resultados (Conceitos)}	Faltas	Total
	A	B	C	D	E		
	N %	N %	N %	N %	N %	N %	N %
X	4 12	13 40	11 33	2 6	7 6	1 3	38 100
Y	– –	1 3	2 6	24 70	5 15	2 6	34 100

Tabela 2

Comparação entre Médias de Homens e de Mulheres
em Áreas Cognitivas de Preferência

Área Cognitiva de Preferência	Homens[a] Média	Desvio-Padrão	Mulheres[b] Média	Desvio-Padrão	F[c] (g.l. = 1982)
Memória	96,8	15,6	97,8	17,7	0,4
Princípios	111,0	13,6	113,2	14,7	6,8*
Questionamento	97,7	17,6	94,4	18,9	6,8*
Aplicação	95,9	11,6	94,4	12,9	3,8**

[a] N = 5 468
[b] N = 5 521
[c] Resultado ajustado segundo rendimento, por meio de ANCOVA.
 *p < 0,01
**p < 0,05

Tabela 3

Distribuição das Licenciaturas Segundo Área de Estudo

Área de Estudo			
Ciências Matemáticas e da Natureza	Filosofia e Ciências Sociais	Letras	Artes
Ciências Biológicas	Filosofia	Port./Inglês e Literaturas	Desenho e Artes Plásticas
Química	Psicologia	Port./Francês e Literaturas	Música
Matemática	Ciências Sociais	Port./Russo e Literaturas	
Geografia	História	Port./Latim e Literaturas Port./Grego e Literaturas	

Tabela 4

Correspondência entre a Concepção Racionalista sobre Problemas Filosóficos e a Atuação do Aconselhador

Problemas Filosóficos	Concepção Racionalista	Atuação do Aconselhador
Natureza do Homem	O homem é um ser nem bom nem mau que necessita da orientação e do controle de pessoas mais experientes para fazer escolhas acertadas	Desenvolve as tendências positivas e neutraliza as tendências negativas do aconselhando
Natureza do Conhecimento	O conhecimento humano é eterno e universal	Enfatiza aspectos intelectuais e objetivos
Problema do Valor	Os valores são permanentes e objetivos	Funciona como "mestre de valores"

Anexo 6

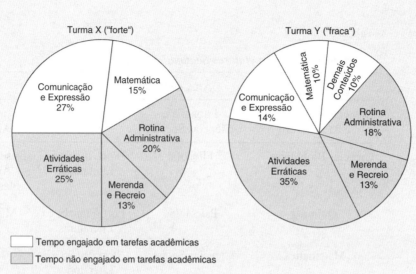

Figura 1 Distribuição do uso do tempo médio semanal, em duas turmas de 2ª série do 1º grau.

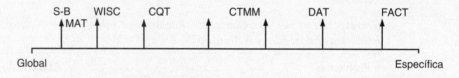

Legenda: S-B   - Stanfort-Binet
         WISC - Wechsler Intelligence Scale for Children
         CQT   - College Qualification Test
         CTMM - California Test of Mental Maturity
         DAT   - Differential Aptitude Test
         FACT - Flanagan Aptitude Classification Test
         MAT   - Musical Aptitude Test

Figura 2 Continuum de medidas de aptidão global-específica.

//ANEXO 7

DISPOSIÇÃO E ESPAÇAMENTO DE TÍTULOS E SUBTÍTULOS E NUMERAÇÃO DE PÁGINAS

CAPÍTULO Nº

TÍTULO DO CAPÍTULO

Primeiro Subtítulo

Texto texto ...

Texto texto ...

Segundo Subtítulo

Texto texto ...

Texto texto ...

Terceiro subtítulo. Texto texto ...

Texto texto ...

Anexo 7

CAPÍTULO II

DESENVOLVIMENTO E AVALIAÇÃO DE COMPORTAMENTOS AFETIVOS

Variáveis que Afetam o Desenvolvimento
de Comportamentos Afetivos

Papel das Experiências de Aprendizagem no
Desenvolvimento de Comportamentos Afetivos

Abordagem comportamental. Trata-se de ...

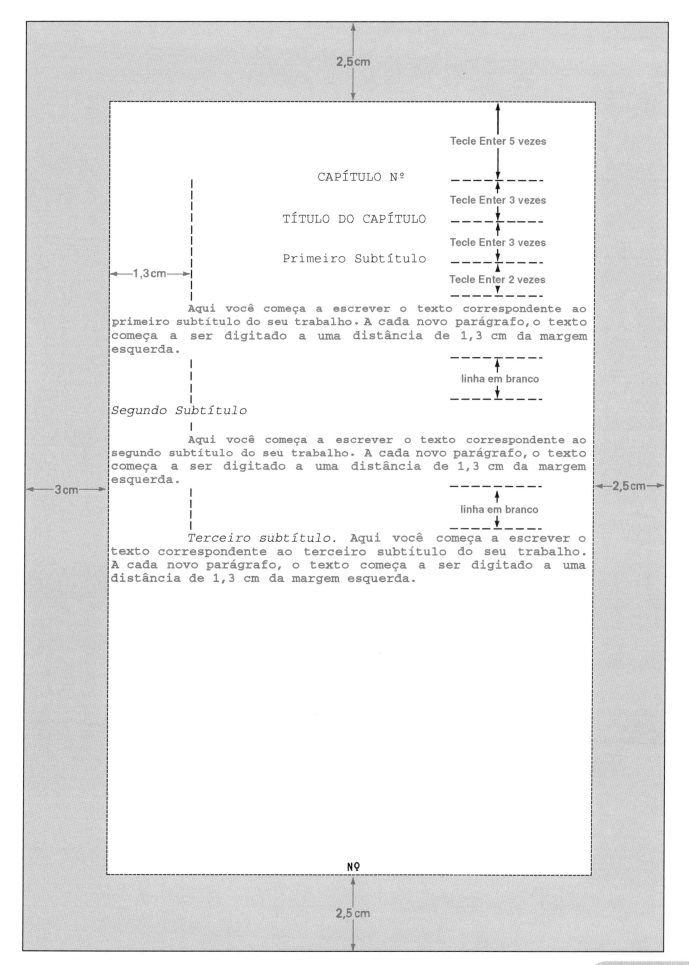

ANEXO 8

CITAÇÕES E NOTAS DE RODAPÉ

1. Citações (APA)

(a) Exemplo de citação curta (menos de 40 palavras)

> Convertidos recentes a qualquer religião representam um grupo perigoso. "Alguns entusiastas do modelo de Rasch parecem acreditar que foram credenciados pelo além (Olimpo, Céu, ou Princeton, New Jersey) para batizar as massas." (Popham, 1981, p. 141).

(b) Exemplo de citação longa (40 ou mais palavras):

> |—1,3 cm—|Em razão dos procedimentos matemáticos serem tão complexos e da trituração dos números ser consumada por computador, é sempre muito tentador dizer para os que processam os dados do modelo de Rasch: "Vocês se encarregam da análise – eu confiarei em vocês."
>
> No entanto, educadores não devem abandonar o controle intelectual de seus esforços, a despeito do quantitativamente simples. Exijamos que os que se encarregam de calibrar os itens de nossos testes, segundo a abordagem de Rasch, descrevam os resultados obtidos de forma suficientemente clara, para que possamos decidir se vale a pena comprá-los. Em se tratando de calibração de itens de teste, o modelo de Rasch parece uma pechincha. (Popham, 1981, p. 141.)

2. Exemplo de Nota de Rodapé

Há pressupostos, em relação ao uso do modelo de Rasch[1], os quais devem ser satisfeitos por nossos dados. Um deles se refere à exigência de que os itens a serem calibrados sejam unidimensionais, isto é, que meçam o mesmo atributo.

---

[1] O número 2 do volume 14, de 1977, do *Journal of Educational Measurement*, é inteiramente dedicado aos modelos de traços latentes, dos quais o de Rasch é dos mais conhecidos.

ANEXO 9

REFERÊNCIAS BIBLIOGRÁFICAS
(nos Estilos APA e ABNT)

REFERÊNCIAS BIBLIOGRÁFICAS
(EXEMPLO DE ESTILO APA)

Amorim, A. (1991). *Avaliação institucional da universidade*. São Paulo: Cortez.

Balzan, N. C. & Dias Sobrinho, J. (1995). *Avaliação institucional: Teoria e experiências*. São Paulo: Cortez.

Bastos, L. R. (1998, 31 ago-6 set.). Outras "Lições do Provão", *Jornal da Associação de Docentes da Universidade Federal do Rio de Janeiro*, V, 6-7.

Bastos, L. R. (1999, 5 ago.). O engodo do Provão. *O Globo*, 6.

Boechat, R. (1998, 12 jun.). Impasse educacional. *O Globo*, 12.

Brasil, Congresso Nacional (1995). Lei 5131. *Diário Oficial*, 25 de novembro.

Castro, C. M. (1998). Lições do Provão. *Revista Veja*, 32, 23.

INEP (1998). *O Exame Nacional de Cursos*. Acessado em 10/10/1999. Disponível em: http://www.inep.gov.br

Levin, H. M. (1998). Educational performance standards and the economy. *Educational Researcher*, 27 (4), 4-10.

Popham, W. J. (1976). Normative data for criterion-referenced tests? *Phi Delta Kappa*, 58, 593-594.

Santa Cruz, A. (1998). Mapa do caos. *Revista Veja*, 49, 94-95.

Sguissardi, V. (1997). *Avaliação universitária em questão: Reformas do Estado e da educação superior*. Campinas: Autores Associados.

Shoemaker, D. M. (1973). *Principles and procedures of multiple matrix sampling*. Cambridge, MA: Ballinger.

Vale, A. M. (2000, 12 jun.). Provão tem presença recorde. *Jornal do Brasil*, 6.

REFERÊNCIAS BIBLIOGRÁFICAS
(EXEMPLO DE ESTILO ABNT)

AMORIM, A. **Avaliação institucional da universidade**. São Paulo: Cortez, 1991.

BALZAN, N. C. & DIAS SOBRINHO, J. **Avaliação institucional: teoria e experiências**. São Paulo: Cortez, 1995.

BASTOS, L. R. Outras "Lições do Provão", **Jornal da Associação de Docentes da Universidade Federal do Rio de Janeiro**, Rio de Janeiro, V, p. 6-7, ago./set. 1998.

_____ O engodo do Provão. **O Globo**, Rio de Janeiro, p. 6, 5 ago. 1999.

BOECHAT, R. Impasse educacional. **O Globo**, Rio de Janeiro, p. 12, 12 jun. 1998.

BRASIL, CONGRESSO NACIONAL. Lei 5131. **Diário Oficial**, 25 nov. 1995.

CASTRO, C. M. Lições do Provão. **Revista Veja**, Rio de Janeiro, 32, p. 23, 1998.

INEP (1998). **O Exame Nacional de Cursos**. Disponível em: <http://www.inep.gov.br>. Acesso em: 10/10/1999.

LEVIN, H. M. Educational performance standards and the economy. **Educational Researcher**, v. 27, n.º 4, p. 4-10, 1998.

POPHAM, W. J. Normative data for criterion-referenced tests? **Phi Delta Kappa**, v. 58, p. 593-594, 1976.

SANTA CRUZ, A. Mapa do caos. **Revista Veja,** Rio de Janeiro, 49, p. 94-95, 1998.

SGUISSARDI, V. **Avaliação universitária em questão: reformas do Estado e da educação superior**. Campinas: Autores Associados, 1997.

SHOEMAKER, D. M. **Principles and procedures of multiple matrix sampling**. Cambridge, MA: Ballinger, 1973.

VALE, A. M. Provão tem presença recorde. **Jornal do Brasil**, Rio de Janeiro, p. 6, 12 jun. 2000.

ANEXO 10

EXEMPLOS DE PROJETOS DE PESQUISA, DE MONOGRAFIA E DE MEMORIAL*

---

*Nota: a formatação dos textos e das referências bibliográficas dos exemplos publicados foi mantida no estado original apresentado por seus autores.

ANEXO 10 – Exemplos de Projetos de Pesquisa, de Monografia e de Memorial para Concurso de Professor Titular

ÍNDICE

Exemplos	Página
1. Projeto de Pesquisa Quase Experimental	91
2. Projeto de Pesquisa Histórica	107
3. Projeto de Pesquisa *Ex Post Facto*	120
4. Projeto de Pesquisa Etnográfica	133
5. Projeto de Pesquisa em Psicologia Social	146
6. Projeto de Pesquisa em Medicina	164
7. Projeto de Pesquisa em Antropologia	180
8. Monografia de Bacharelado em Economia	191
9. Memorial para Concurso de Professor Titular	203

1. PROJETO DE PESQUISA QUASE EXPERIMENTAL

UM PROGRAMA ALTERNATIVO DE MESTRADO: AVALIAÇÃO
GERAL E EFEITOS SOBRE O RENDIMENTO DE ALUNOS
EM METODOLOGIA DA PESQUISA EM EDUCAÇÃO

por

Lília da Rocha Bastos[*]

Projeto de Pesquisa Apresentado à
Faculdade de Educação
Universidade Federal do Rio de Janeiro

Abril, 1977

---

[*]Bacharel em Sociologia e Política (PUC-Rio)
Ph.D. em Educação (Pesquisa e Avaliação), University of Southern California
Pós-Doutorado em Avaliação Educacional, University of California at Los Angeles (UCLA)
Professora Titular de Metodologia da Pesquisa do Programa de Pós-Graduação em Educação da UFRJ (1973/95)
Consultora em Pesquisa e Avaliação

ANEXO 10 – Projeto de Pesquisa Quase Experimental

ÍNDICE

Capítulo	Página
I. O PROBLEMA	1

    Formulação da Situação-Problema
    Objetivo do Estudo
    Justificativa
    Hipóteses
    Pressupostos Conceituais
    Delimitação
    Definição de Termos e de Abreviações
    Organização do Restante do Estudo

II. METODOLOGIA	7

    Modelo do Estudo
    Seleção dos Sujeitos
    Tratamento Experimental
    Instrumentação
    Coleta de Dados
    Tratamento Estatístico
    Limitações do Método

REFERÊNCIAS BIBLIOGRÁFICAS	14

CAPÍTULO I

O PROBLEMA

O início formal da Educação em nível de pós-graduação no Brasil pode ser considerado a partir de 1961, com a promulgação da Lei de Diretrizes e Bases da Educação Nacional (Brasil, Congresso Nacional, 1961), que constituiu, também, o primeiro passo para estabelecer a articulação dos diversos níveis do sistema educacional. Embora esse início não tenha sido de natureza definida, o art. 69, alínea b, da supracitada lei, deu atenção especial à educação pós-graduada. Competiu ao Conselho Federal de Educação (doravante designado CFE) a tarefa de conceituá-la. Coube ao Prof. Newton Sucupira a importante função, desempenhada através do Parecer nº 977 (CFE, 1965), que delineou a estrutura básica da educação pós-graduada no Brasil.

De acordo com o Parecer nº 977 (CFE, 1965), os cursos de pós-graduação *stricto sensu* foram caracterizados como aqueles cujos conteúdo, duração e requisitos específicos conduziriam aos graus de mestre e/ou doutor. Quanto aos objetivos, foram definidos os seguintes: (a) preparação de professores universitários qualificados para atender à demanda de um sistema de educação superior em expansão; (b) preparação de pesquisadores para desenvolver a investigação científica no país; e (c) treinamento de especialistas e profissionais altamente qualificados para fazer face ao desenvolvimento nacional em todos os campos de atividade.

O segundo grande passo para a implantação de cursos de pós-graduação no país pode associar-se à promulgação da Lei nº 5.540 (Brasil, Congresso Nacional, 1968), que exigiu a modernização e reorganização da universidade brasileira e delegou ao Conselho Federal de Educação a responsabilidade de definir as normas para a organização de cursos de pós-graduação no país, objetivo atingido pelo Parecer nº 77 (CFE, 1969). Este parecer seguiu a mesma orientação do Parecer nº 977 (CFE, 1965) e definiu os requisitos a serem atendidos por cursos de pós-graduação para fins de reconhecimento pelo Conselho Federal de Educação: comprovação de (a) aspectos legais da instituição e sua tradição de ensino e pesquisa; (b) recursos financeiros para manutenção dos cursos; (c) instalações e aparelhagem; (d) qualificação do corpo docente; (e) equipamentos de laboratório; (f) instalações para biblioteca; (g) organização e regime pedagógico-científico dos cursos de pós-graduação; e (h) exigências para a admissão de alunos.

A demanda por cursos de pós-graduação tomou ímpeto a partir de 1969, com a promulgação da Lei Federal nº 465 (Brasil, Congresso Nacional, 1969), a qual estabeleceu, como condição para o professor manter a posição no magistério superior, sua qualificação em nível de pós-graduação, dentro de, no máximo, seis anos a partir da data de sua contratação. Era de se esperar, e confirmou-se, crescente procura de matrícula em cursos de mestrado, em ritmo não acompanhado pelo crescimento da oferta de vagas. No processo de seleção para ingresso no Curso de Mestrado em Educação da Universidade Federal do Rio de Janeiro, realizado em novembro de 1975, 213 professores concorreram a apenas 60 vagas (FE, UFRJ, Diretoria Adjunta de Ensino para Graduados, 1976).

Embora o número de programas de mestrado em educação tenha aumentado de apenas 1 em 1965 para 17 em 1976, destes, apenas 8 (PUC-Rio, UFRJ, UFRGS, PUC-SP, PUCRS, USP, IESAE/FGV e UnB) foram até o presente (1977) credenciados. As dificuldades de expansão da pós-graduação residem, principalmente, na falta de docentes qualificados em número suficiente para conduzir os cursos. Basta verificar o enorme déficit de doutores e de mestres apontado pela CAPES (MEC/CAPES, 1976) para os cursos de pós-graduação em educação já em funcionamento e o número mínimo de doutores e de mestres — 1 para cada 5 alunos e 1 para cada 10, respectivamente — fixado como parte das exigências para a abertura de programas de mestrado.

Se, a longo prazo, o problema pode ser equacionado, a curto prazo buscam-se alternativas capazes de, sem baixar o nível da pós-graduação, aumentar a oferta de vagas por meio de estratégias que permitam a maximização de aproveitamento do pessoal docente habilitado a lecionar nesses cursos.

Formulação da Situação-Problema

Tendo em vista as dificuldades de montar cursos de pós-graduação, por falta de recursos humanos em número suficiente com a titulação exigida pelo Conselho Federal de Educação, algumas instituições procuram a colaboração de outras que já ofereçam esses cursos, de forma a propiciar a seu corpo docente formação em nível de pós-graduação. Com tal objetivo, a Faculdade de Educação da Universidade Federal de Juiz de Fora (doravante designada FE/UFJF) entrou em entendimentos com a Faculdade de Educação da Universidade Federal do Rio de Janeiro (doravante designada FE/UFRJ). Um convênio foi assinado entre as duas universidades, pelo qual a FE/UFRJ ofereceria um curso de mestrado para professores da UFJF. O curso seria regido em todos os seus aspectos pelo regulamento do curso de mestrado da FE/UFRJ e ministrado por professores dessa instituição. À FE/UFJF caberiam a responsabilidade e o apoio administrativo-financeiro necessários à iniciativa.

O curso foi organizado em regime intensivo, com carga horária cumprida em 15 encontros diários, durante três semanas distribuídas ao longo do semestre letivo, enquanto o regime regular prevê uma aula por semana, durante 15 semanas.

Embora os programas desenvolvidos nas disciplinas, os professores, a carga horária total de aulas, a bibliografia e os materiais didáticos fossem idênticos em ambos os programas — o intensivo, da UFJF, e o regular, da UFRJ —, restava saber até que ponto haveria diferença entre os rendimentos dos alunos submetidos a um e a outro formatos de curso.

Objetivo do Estudo

O objetivo do presente estudo é duplo: (1) investigar os efeitos de um curso de Metodologia da Pesquisa em Educação, em regime intensivo, em nível de pós-graduação, sobre o rendimento dos alunos nessa disciplina. Busca-se, por esse objetivo, o relacionamento entre as variáveis (a) ritmo de ensino, dicotomizado em semestre regular de 15 semanas e semestre intensivo com 15 encontros diários distribuídos em três semanas ao longo do semestre, e (b) rendimento em Metodologia da Pesquisa; e (2) avaliar, numa perspectiva com e sem referência a objetivos, respectivamente, alguns efeitos pretendidos e não pretendidos do curso de mestrado intensivo, iniciativa das UFJF/UFRJ.

Justificativa

Se a pós-graduação assume papel de destaque em culturas desenvolvidas, sua importância é crucial em culturas em fase de desenvolvimento. Isso porque, inerente ao conceito de pós-graduação encontra-se a atividade de pesquisa, com implicações diretas para o crescimento de todos os setores do conhecimento humano. No entanto, a expansão dos estudos pós-graduados depende da disponibilidade de docentes qualificados. Estes são especialmente escassos em países em crescimento, fato que requer ação racionalizadora no sentido de otimizar suas atividades de docência e pesquisa.

Dessa forma, um estudo que procura avaliar a praticabilidade de um esquema alternativo de pós-graduação, o qual prevê o aproveitamento integral de docentes qualificados e a possibilidade da expansão da pós-graduação no país, em período em que esta se faz mais necessária, parece ao mesmo tempo oportuno e relevante.

Hipóteses

A hipótese substantiva do estudo antecipou não haver efeito de ritmo de ensino — semestre regular *versus* semestre intensivo — sobre rendimento, em Metodologia da Pesquisa em Educação, de alunos de mestrado.

As hipóteses estatísticas, derivadas da substantiva, foram formuladas em suas formas nula e alternativa:

H_0 : Não há diferença significativa entre as médias em Metodologia da Pesquisa obtidas por alunos sob os regimes de semestre regular e intensivo.

H_1 : Existe diferença entre as médias em Metodologia da Pesquisa obtidas por alunos sob os regimes de semestre regular e intensivo.

Pressupostos Conceituais

Dois pressupostos ficaram subjacentes na execução do estudo:
1. Uma das formas de expandir a pós-graduação em país carente de docentes qualificados é buscar esquemas alternativos que multipliquem a oferta desses cursos, pela otimização do emprego de recursos disponíveis.
2. O programa intensivo, objeto do estudo, constitui um esquema alternativo de pós-graduação que otimiza os recursos humanos docentes, disponíveis no sistema.

Delimitação

No que se refere ao primeiro objetivo, o estudo limita-se a pesquisar os efeitos de ritmo de ensino, considerado em duas categorias — intensivo e regular — sobre o aproveitamento de alunos de um curso de pós-graduação de Metodologia da Pesquisa em Educação. Controla-se apenas o comportamento de entrada dos alunos, deixando-se de considerar outras variáveis, tais como motivação e aptidão acadêmica.

Quanto à avaliação como um todo do programa alternativo de mestrado, restringe-se, quando considerados seus objetivos pretendidos, a aspectos da vida profissional e pessoal dos alunos, não incidindo sobre a avaliação dos objetivos terminais do mestrado — formação de professores universitários e de pesquisadores —, porque o programa ainda se encontra em desenvolvimento. No que se refere a objetivos não pretendidos, investiga alguns aspectos institucionais, preliminarmente identificados por meio de conversas informais com alunos e membros da comunidade de Juiz de Fora, não envolvidos com o curso.

Definição de Termos e de Abreviações

Termos e abreviações usados são definidos da seguinte maneira:

Programas universitários alternativos. Programas que se distinguem dos convencionais em alguma ou algumas das seguintes características: alunado, localização da experiência de aprendizagem, método de ensino, objetivos, conteúdo do programa, ritmo de ensino.

Metodologia da pesquisa. Curso básico, cujo programa inclui quatro unidades: (1) enfoque e linguagem científicos; (2) tipos de pesquisa; (3) modelos de pesquisa e de avaliação; e (4) instrumentos de pesquisa. Entre as atividades do curso, o aluno tem oportunidade de (a) criticar oralmente um relatório de pesquisa publicado; e (b) elaborar um projeto simples de pesquisa, com o que atinge os objetivos terminais do programa.

Regime de semestre letivo regular. Esquema em que os cursos se desenvolvem em 15 encontros semanais consecutivos, ou seja, durante um semestre letivo.

Regime de semestre intensivo. Esquema em que os cursos se realizam durante o período total de um semestre letivo, mas em três semanas não consecutivas, distribuídas ao longo do semestre, com cinco encontros diários em cada uma.

Comportamento de entrada. Escore obtido em um teste diagnóstico, do tipo objetivo, com 45 questões de múltipla escolha, administrado antes de iniciar-se o ensino.

Rendimento em metodologia da pesquisa. Escore total obtido em dois testes objetivos, um com 40 e outro com 50 questões de múltipla escolha, com quatro opções, preparados pelo professor e administrados, respectivamente, ao meio e ao final do curso.

Avaliação sem referência a objetivos. Tipo de avaliação em que o avaliador ignora, de propósito, os objetivos expressos de um programa e busca todos os seus efeitos, sem nenhuma preocupação com o que o programa possa ter tido intenção de produzir (Scriven, 1978).

CFE. Conselho Federal de Educação.

FE/UFJF. Faculdade de Educação da Universidade Federal de Juiz de Fora.

FE/UFRJ. Faculdade de Educação da Universidade Federal do Rio de Janeiro.

Organização do Restante do Estudo

O capítulo da revisão da literatura conceitua programas alternativos universitários, classifica-os e descreve-os, ilustrando a discussão com exemplos concretos. Além disso, apresenta resultados de pesquisas sobre cursos intensivos, sugere fatores apontados pela psicologia da aprendizagem como capazes de afetar o rendimento de alunos em cursos intensivos, introduz o conceito de avaliação sem referência a objetivos, e oferece o histórico do programa alternativo de Mestrado, objeto do estudo.

No capítulo da metodologia, descrevem-se os procedimentos metodológicos adotados: tipo de esquema da pesquisa, seleção dos sujeitos, tratamento experimental, instrumentação, coleta dos dados, tratamento estatístico, pressupostos metodológicos e limitações do método.

No capítulo que se segue ao da metodologia, discutem-se os resultados do trabalho.

Finalmente, o último capítulo apresenta suas conclusões e recomendações.

CAPÍTULO II

METODOLOGIA

Este capítulo ocupa-se dos procedimentos metodológicos aplicados à presente investigação. A primeira seção classifica o estudo. As que a seguem tratam dos aspectos referentes à seleção dos sujeitos, ao tratamento experimental, à coleta dos dados, ao tratamento estatístico, aos pressupostos metodológicos e às limitações do método.

Modelo do Estudo

A pesquisa, no que se refere à comparação de rendimento dos grupos em Metodologia da Pesquisa, será conduzida segundo um modelo que pode ser classificado como quase experimental. Envolve dois grupos intactos, não equivalentes do ponto de vista de randomicidade, controlados quanto a comportamento de entrada por um teste diagnóstico, submetidos a tratamento e testados após esse tratamento. O mesmo esquema é considerado experimental quando os sujeitos são selecionados aleatoriamente para os grupos e para o tratamento e pós-testados apenas; e pré-experimental, quando os grupos não são equivalentes e são testados apenas ao final do tratamento (Campbell & Stanley, 1969). A classificação de quase experimental aplica-se ao esquema pela observação do comportamento de entrada dos grupos e seu posterior controle, por análise de covariância.

Seleção dos Sujeitos

Os participantes do estudo são professores de Juiz de Fora e do Rio de Janeiro, matriculados no Curso de Mestrado em Educação, num total de 63 elementos, sendo 43 em Juiz de Fora e 20 no Rio.

O grupo de Juiz de Fora foi distribuído em duas turmas, consideradas em conjunto para as finalidades da pesquisa.

A composição dos grupos, segundo área de conhecimento em nível de graduação, encontra-se ilustrada na Tabela 1.

Tabela 1
Composição dos Grupos, Segundo Área de Conhecimento em Nível de Graduação

Grupo	Filosofia, Ciências Humanas, Jurídicas e Econômicas	Letras e Artes	Ciências Matemáticas e da Natureza e Tecnologia	Saúde	Total
FE/UFJF	22	8	3	10	43
FE/UFRJ	15	2	1	2	20
Total	37	10	4	12	63

A Tabela 2 especifica os cursos de graduação incluídos nas quatro categorias em que o estudo dividiu as áreas de conhecimento.

Tabela 2
Classificação dos Cursos de Graduação em Áreas de Conhecimento

Filosofia, Ciências Humanas, Jurídicas e Econômicas	Letras e Artes	Ciências Matemáticas e da Natureza e Tecnologia	Saúde
Educação Comunicação Serviço Social Filosofia Ciências Sociais Psicologia Direito Economia	Línguas Arquitetura Urbanismo Belas-Artes Música	Biologia Física Geociências Matemática Química Engenharia	Biomédica Enfermagem Farmácia Medicina Microbiologia Nutrição Odontologia Educação Física

Tratamento Experimental

O tratamento experimental constitui-se em regime de curso, dicotomizado em semestre regular e semestre intensivo. O grupo experimental (FE/UFJF) será submetido ao ensino de Metodologia da Pesquisa em Educação durante 90h, sendo 45h em 15 encontros formais, com a duração de 3h cada, durante três semanas não consecutivas (cinco encontros em cada semana), e as restantes 45h em atividades complementares.

O grupo de controle (FE/UFRJ) receberá aulas de pesquisa, uma por semana, durante 15 semanas consecutivas, num total de 90h, sendo metade em classe e metade em atividades complementares.

A Figura 1 ilustra o desenvolvimento dos dois formatos de curso.

Os dois grupos terão o mesmo programa de Metodologia da Pesquisa, usarão o mesmo livro-texto, farão os mesmos exercícios, receberão aulas do mesmo professor e serão testados pelos mesmos instrumentos de medida.

Instrumentação

Três testes objetivos e um questionário serão utilizados no estudo.

O teste diagnóstico constará de 45 questões objetivas de múltipla escolha e cobrirá matéria de todas as unidades do programa, tendo sua validade de conteúdo julgada quanto à adequação de seus itens aos objetivos do curso. A fidedignidade do teste diagnóstico, segundo o critério de consistência interna, será calculada pela fórmula KR-20. Sua organização, segundo conteúdo e nível cognitivo das questões, é apresentada na Tabela 3.

O primeiro teste de rendimento, com 40 itens de múltipla escolha, medirá as duas primeiras unidades do programa. Sua distribuição, por unidade e nível cognitivo, encontra-se especificada na Tabela 3. A fidedignidade do instrumento será, igualmente, calculada pela fórmula KR-20, de consistência interna.

Quanto ao teste final, cobrirá as duas últimas partes do programa do curso. Com 50 itens objetivos de múltipla escolha (Tabela 3), seu coeficiente de fidedignidade, por consistência interna, será investigado pela fórmula KR-20.

O questionário de avaliação do programa, com 14 perguntas, sendo quatro do tipo fechado e as demais abertas, investigará: (a) aspectos ligados às vidas profissional e pessoal dos alunos, considerados como uma *avant-première* dos efeitos finais pretendidos pelo mestrado; e (b) aspectos ligados à instituição

ANEXO 10 – Projeto de Pesquisa Quase Experimental

Tabela 3
Distribuição dos Itens do Teste Diagnóstico, do Primeiro Teste e do Teste Final, Segundo Unidade Programática e Nível Cognitivo

Unidade Programática	Teste Diagnóstico			Primeiro Teste			Teste Final		
	Nível Cognitivo dos Itens		Total	Nível Cognitivo dos Itens		Total	Nível Cognitivo dos Itens		Total
	Memória	Compreensão ≥ Aplicação		Memória	Compreensão ≥ Aplicação		Memória	Compreensão ≥ Aplicação	
1. Enfoque e Linguagem Científicos	8	3 8	19	5	3 14	22	–	– –	–
2. Tipos de Pesquisa	2	– 3	5	11	2 5	18	–	– –	–
3. Modelos de Pesquisa e de Avaliação	9	– –	9	–	– –	–	15	2 14	31
4. Instrumentos de Pesquisa	3	1 8	12	–	– –	–	16	1 2	19
TOTAL	22	4 19	45	16	5 19	40	31	3 16	50

10

102

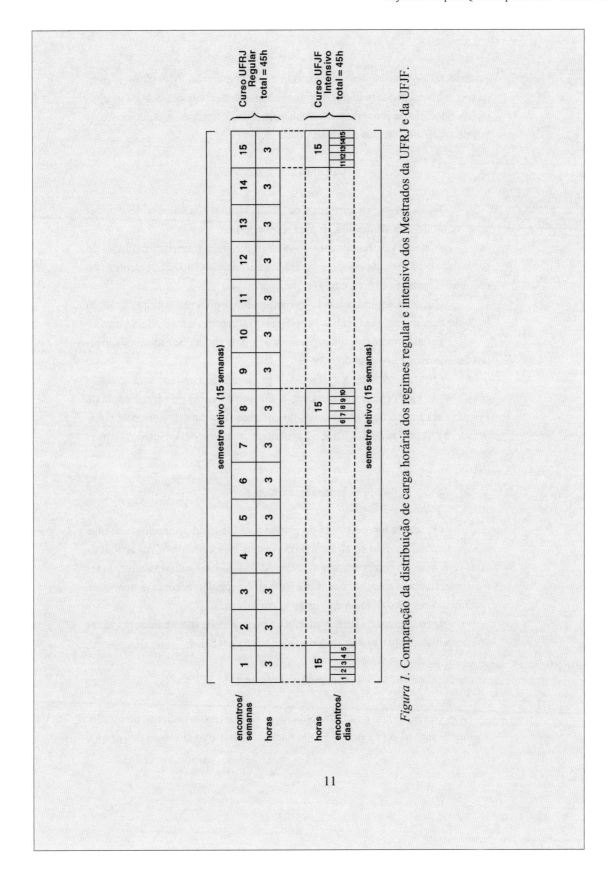

Figura 1. Comparação da distribuição de carga horária dos regimes regular e intensivo dos Mestrados da UFRJ e da UFJF.

e considerados como efeitos não pretendidos pelo programa. Estes últimos, antes de serem investigados pelo questionário, chegarão ao conhecimento da pesquisadora por meio de conversas informais com alunos, funcionários administrativos da UFJF e elementos da comunidade local.

Coleta de Dados

No início da primeira aula, os alunos serão submetidos ao teste diagnóstico, sendo-lhes concedida 1h para respondê-lo.

A medida do rendimento dos alunos nas duas primeiras unidades do curso dar-se-á após um período de sete semanas, para o grupo de controle, e no encontro da oitava semana, para o experimental.

Quanto à segunda medida de rendimento, a qual não cobrirá conteúdo incluído na primeira, será realizada ao final do semestre, para os dois grupos.

O rendimento dos alunos será obtido pela soma dos escores alcançados no primeiro e no segundo teste.

O questionário para avaliação do programa de mestrado será aplicado em junho de 1976, quase um ano após o término do curso de Metodologia da Pesquisa em Educação. Será distribuído aos alunos de Juiz de Fora pela coordenadora do curso naquela cidade e devolvido à pesquisadora em menos de uma semana.

Tratamento Estatístico

O teste da hipótese nula do estudo será efetuado por meio de análise de covariância, fixando-se alfa em 0,05. Tomar-se-á como variável concomitante (covariate) o comportamento de entrada dos alunos; como variável independente, ritmo de ensino — semestre intensivo e regular; e, como dependente, rendimento em Metodologia da Pesquisa em Educação.

Quanto aos dados de avaliação do programa de mestrado, serão tratados descritivamente e apresentados sob a forma de tabelas.

Limitações do Método

Considerando a não randomicidade na seleção dos sujeitos do estudo, a validade interna do modelo adotado para comparar o rendimento dos grupos pode ser prejudicada, devido à falta de controle de variáveis que possam atuar como rivais da variável independente. No entanto, a possibilidade de semelhança dos grupos estudados não deve deixar de ser considerada, tendo em vista que esses pertencem a regiões vizinhas; apresentam titulação similar no que diz respeito a graduação; visam ao mesmo objetivo acadêmico de obtenção do grau de mestre em Educação; e demonstram nível de interesse bastante semelhante, segundo observações de todos os professores do curso. Além disso, o controle, por análise de covariância, do comportamento de entrada dos alunos, variável que, em geral, se correlaciona positivamente com rendimento final, poderá contrabalançar as deficiências de controle experimental do esquema utilizado (Kirk, 1968).

Quanto à validade externa, generalizações só poderão ser feitas em relação às populações de onde os grupos foram selecionados, cautelosamente, tendo em vista a não randomicidade do processo de amostragem.

No que se refere à investigação dos efeitos pretendidos e não pretendidos pelo Mestrado, o processo de avaliação poderia ser enriquecido se também se previsse ouvir docentes do mestrado e professores de outras unidades não matriculados no curso.

Mesmo com as limitações indicadas, a presente pesquisa justifica-se tendo em vista: (a) seu caráter piloto; e (b) a oportunidade e a significação de estudos que, como este, avaliem alternativas à organização de cursos de pós-graduação.

ANEXO 10 – Projeto de Pesquisa Quase Experimental

REFERÊNCIAS BIBLIOGRÁFICAS

Brasil, Congresso Nacional (1961). Lei de Diretrizes e Bases da Educação Nacional. *Diário Oficial*, 22, 27 e 28 de dezembro.

Brasil, Congresso Nacional (1968). Lei nº 5.540. *Diário Oficial*, 29 de novembro de 1968 e 3 de dezembro.

Brasil, Congresso Nacional (1969). Decreto-Lei nº 465. *Diário Oficial*, 12 de fevereiro.

Campbell, D. T. e Stanley, J. C. (1969). *Experimental and quasi-experimental designs for research*. Chicago: Rand McNally.

Conselho Federal de Educação (CFE) (1965). Parecer nº 977. *Documenta nº 44*, 48 e 56.

Conselho Federal de Educação (CFE) (1969). Parecer nº 77. *Documenta nº 98*.

FE/UFRJ, Diretoria Adjunta de Ensino para Graduados. (1976.) *Relatório da Comissão de Seleção dos candidatos ao Mestrado*. (Mimeo.)

Kirk, R. E. (1968). *Experimental design: Procedures for the behavioral sciences*. Belmont, California: Wadsworth.

MEC/CAPES (1976). *Programa de pós-graduação em educação: Linhas operacionais*. Brasília: CAPES, 1976.

Scriven, M. (1978). Prós e contras sobre a avaliação sem referência a objetivos. In L. R. Bastos, L. Paixão e R. G. Messick (Orgs.). *Avaliação educacional: Perspectivas, procedimentos e alternativas*. Petrópolis: Vozes.

2. PROJETO DE PESQUISA HISTÓRICA

REVISÃO HISTÓRICA DO PAPEL DOS INTELECTUAIS
NA DÉCADA DE 1930: O CASO ANÍSIO TEIXEIRA

por

Clarice Nunes[*]

Projeto de Pesquisa Apresentado à
Pontifícia Universidade Católica-Rio

1991

---
[*]Doutora em Educação, Professora Titular de História da Educação, UFF

ANEXO 10 – Projeto de Pesquisa Histórica

ÍNDICE

Capítulo	Página
I. O PROBLEMA	1
O Objeto de Estudo e Justificativa	
Hipóteses de Trabalho	
Objetivos	
II. METODOLOGIA	6
Fontes Históricas	
Chaves Interpretativas	
REFERÊNCIAS BIBLIOGRÁFICAS	10

CAPÍTULO I

O PROBLEMA

O Objeto de Estudo e Justificativa

No ano de 1983, tivemos a oportunidade de reconstituir a história da escola primária pública no Rio de Janeiro na década de 1920. Aos frutos deste trabalho (Nunes, 1984), acrescentaram-se outros estudos (Nunes, 1986, 1987) que estenderam nossa pesquisa à década de 1930. Este projeto encarna a possibilidade de aprofundar e promover novos recortes na temática que temos trabalhado nos últimos anos. Fortalecemos gradativamente nossa convicção de que certas hipóteses levantadas nos trabalhos referidos mereciam investigação pormenorizada, com o objetivo de rever interpretações dominantes na historiografia educacional. Esta preocupação é, aliás, convergente com a de outros pesquisadores que se têm esforçado nessa direção (Carvalho, 1986).

Ganhamos, ainda, maior compreensão de que nosso diálogo principal com os educadores que nos antecederam se trava com as gerações de 1920 e 1930. Enquanto intelectuais da cidade, "consciência" desse mundo no início do século, organizadores da cultura e do campo educacional na sociedade civil e em determinada parcela do Estado, eles colocaram em discussão o tema da modernidade e dos projetos político-educativos que lhe diziam respeito, a partir de determinada visão da sociedade brasileira e do povo brasileiro. Ao trabalhar nos maiores e mais importantes centros urbanos do país, atuaram na direção da construção da cidadania, vivendo impasses e propondo alternativas que implicaram visões diferenciadas das relações Estado e sociedade e das relações Estado e educação.

Por esses motivos, decidimos estudar o papel dos intelectuais que atuaram na administração pública no município do Rio de Janeiro na década de 1930. Acreditamos terem eles vivido, dentro de um espaço privilegiado, um momento estratégico do processo de mudança em curso na sociedade. Espaço privilegiado porque a cidade, sede do governo, possuía uma máquina administrativa que não só funcionava como base e apoio para o poder centralizado e hierarquizado da União, mas também vivia, no cotidiano, os embates com um poder municipal dividido entre as pretensões do poder executivo e do poder legislativo. Momento estratégico porque o pensamento político se transformava no sentido de formar um sistema ideológico que conceituasse e legitimasse a autoridade do Estado como princípio tutelar da sociedade (Lamounier, 1978, p. 357). O Estado passava a dirigir a modernidade, eliminando aspectos potencialmente democráticos e realizando uma intervenção autoritária cuja representação se forjava como síntese de ideias e aspirações políticas das últimas décadas do século XIX e da primeira metade do século XX.

Advertimos, portanto, para o fato de que tal definição de espaço e tempo constitui o paradigma de um problema: a possibilidade de decifrar as relações entre o exercício técnico e a ação política dos intelectuais em questão. Que intelectuais são esses? São aqueles que ocuparam postos-chave na organização do poder político do país. São também os professores das escolas públicas e particulares formados pelas instituições encarregadas de sua formação específica, os diretores, os inspetores escolares, os médicos escolares e outros especialistas forjados nos cursos de aperfeiçoamento promovidos pelas Diretorias de Instrução ou no exterior e através de uma literatura educacional que passa a ser crescentemente produzida e difundida. Com níveis diferentes de consciência e organização, também conhecidos como "profissionais da Educação", no seu sentido mais amplo, eles fizeram da sua militância profissional um compromisso político com a valorização da escola pública. Dentre eles, destaca-se Anísio Teixeira (1900-1971). Ele será tomado, enquanto intelectual, como ponto de referência central da nossa investigação.

Inteligência brilhante. Carismático. A oposição paterna à vocação religiosa desviou Anísio Teixeira da sedução dos combatentes de Cristo. Viajou pela Europa e viveu quase um ano nos Estados Unidos. Voltou de Colúmbia "lapidado". Renunciou à Diretoria da Instrução Pública baiana e se pôs a "prelecionar meninas desatentas e desinteressadas lá no fundo do Recôncavo", como lembraria Monteiro Lobato. Distraído e deslumbrado. Exigente e tolerante.

Seu coração ficou, em parte, nos Estados Unidos, onde aprendeu "a ter confiança no homem e a crer na vida". Perseguido, triturado nas moendas do fascismo brasileiro, só se reergueu como profissional da Educação 12 anos depois de sua saída da Diretoria de Instrução Pública do Distrito Federal. Exilado em seu próprio país, conheceu o "estado de morte espiritual": não lia, não escrevia, não discutia. Empresário bem-sucedido. Tradutor. Os amigos tinham "saudades de conversá-lo". Protegeram-no. Esconderam-no.

Ao assumir, em outubro de 1931, a Diretoria de Instrução Pública, Anísio Teixeira já acumulava a experiência de administrar a educação baiana (1924-1928), o conhecimento dos serviços educacionais da França e da Bélgica e do sistema escolar público norte-americano, além da fé na "marcha da democracia" e a amizade com Fernando de Azevedo e Monteiro Lobato. Havia ganho interiormente enorme distância do outro Anísio: o que, em 1924, se opunha ferrenhamente à ideia de escola única.

Já havia publicado Aspectos americanos da educação (1928), um pequeno ensaio que precedeu a tradução de dois estudos de John Dewey reunidos no volume Vida e Educação (1931) e Educação Progressiva — Uma introdução à filosofia da educação (1932). Já havia passado pela Superintendência do Serviço de Inspeção dos Institutos do Ensino Secundário (1931). Presidente da Associação Brasileira de Educação (1931) e signatário do Manifesto dos Pioneiros (1932), promoveu, na sua reforma da instrução pública no Distrito Federal, a valorização do magistério, do ensino técnico em nível secundário e da educação de adultos; a extensão da oferta do ensino primário; a criação da Universidade do Distrito Federal, da qual foi seu reitor (1935); a execução dos serviços de radiodifusão e do cinema educativo. Demitiu-se em 1935, um ano após ter lançado Em marcha para a democracia.

A pesquisa sobre a atuação de Anísio Teixeira nas diversas frentes de mobilização política e ideológica das quais participou levou-nos a recusar a aceitação de rótulos forjados para assinalar sua presença na Educação brasileira. Foi justamente a insatisfação sentida diante das visões sobre Anísio na obra dos seus diversos comentaristas que nos obrigou a reabrir o processo de investigação e a envidar esforços no sentido de problematizar noções dominantes e buscar alternativas de estudo que deem conta de algo fundamental: a efetiva articulação entre biografia e a categoria de intelectual. Como chama atenção Antônio Cândido, ao prefaciar o livro de Miceli (1979), a pergunta crucial é: como apreender o sujeito entre dois infinitos, o da singularidade e o da generalidade?

Em nossa proposta de investigação, a revisão histórica do papel de Anísio Teixeira como intelectual far-se-á não só através do confronto das diferentes versões sobre Anísio e sua obra e a versão forjada pelo próprio Anísio, mas também, e principalmente, através de uma reconstituição que permita compreender por que Anísio é visto ou se olha de determinada maneira. Essa reconstituição implica o relacionamento entre a produção intelectual e a conjuntura histórica, entendida não como suporte da primeira, mas como mediação entre a produção intelectual e as escolhas do sujeito a partir de um projeto que constrói e que o constrói.

Hipóteses de Trabalho

São quatro as hipóteses deste trabalho.

1. Ao contrário de Nagle (1974), Paiva (1973), Saviani (1981, 1982 e 1983), Mello (1983) e Ghiraldelli (1986), não defendemos a ideia de tecnificação do campo educacional nas décadas de 1920 e 1930. Nossa hipótese é a de que foi no espaço da área "técnica" que Anísio Teixeira e outros profissionais da Educação forjaram a consciência de que era preciso converter certas reflexões políticas em forças ativas e, neste sentido, travaram uma ardorosa batalha tanto no campo da cultura como no campo da Educação.

2. Dentro do processo de mudança social controlada desencadeado na década de 1920 e cujo desfecho político é o Estado Novo em 1937, a administração Anísio Teixeira caminhou numa direção política diferente da apontada e exigida pelo governo central, uma vez que opunha ao nacional (dimensão profundamente marcada nas gestões anteriores) o democrático, entendido menos como conjunto de mecanismos de participação dos indivíduos na sociedade política e mais como mecanismos de democratização da sociedade civil.

3. As iniciativas de Anísio Teixeira na administração pública podem ter constituído, ao lado de outras iniciativas no campo educacional, um conjunto de experiências que ultrapassou o que representava, isto é, pode ter contribuído para a criação de um pensamento radical de classe média, contraposto à visão aristocrática do país e da Educação. Sem assumir uma visão revolucionária, sua atuação política pode ter significado um deslocamento para a frente, o que é digno de reconhecimento, diante das posições tradicionais.

4. As experiências pedagógicas do Distrito Federal postas como paradigma dos novos rumos da instrução pública do país tinham como paradigma as experiências de São Paulo.

Objetivos

Os objetivos do estudo são: (a) rever interpretações cristalizadas na historiografia da Educação brasileira sobre a década de 1930; (b) obter um novo enfoque da relação Educação e política, com o intuito de oferecer subsídios que ajudem a repensar as relações dos profissionais da Educação com o Estado; e (c) tornar claras as relações entre o exercício técnico e a atuação política de Anísio Teixeira, no período de 1931 a 1935, quando ocupou o cargo de Diretor da Instrução Pública na capital do país.

CAPÍTULO II

METODOLOGIA

Fontes Históricas

Daremos uma ideia sucinta sobre as principais instituições e o material que existe organizado em função da nossa temática.

No Centro de Pesquisa e Documentação de História Contemporânea do Brasil (CPDOC) da Fundação Getulio Vargas, temos interesse especial no Arquivo Anísio Teixeira. Desse arquivo, que abrange o período de 1886-1971, são de grande importância os documentos textuais. Merecem destaque as séries: correspondência, documentos pessoais, produção intelectual, temática e recortes de jornais. Seria oportuno verificar, ainda, se os arquivos Pedro Ernesto Batista, Clemente Mariani, Lourenço Filho, Hermes Lima e Gustavo Capanema, guardados na mesma instituição, trazem alguma contribuição significativa para o entendimento da atuação de Anísio Teixeira no período indicado pelo projeto.

Outras instituições no Rio de Janeiro contêm, também, material relevante para nossa pesquisa: o Arquivo da Associação Brasileira de Educação, no qual cabe destacar a documentação das atividades dessa instituição, a partir de 1932, quando a luta política pela incorporação de certas propostas educacionais no projeto constitucional de 1934 obrigou os profissionais da Educação a terem uma atuação mais incisiva. Sobre o período anterior (1924-1932), o Arquivo foi mapeado por Carvalho (1986), cujo trabalho nos é bastante precioso.

Podemos ainda citar o Arquivo do Sindicato dos Professores do Município do Rio de Janeiro, no qual encontramos, dentre a documentação organizada, um livro de atas das assembleias dos professores de 1931-1937; o Arquivo da Secretaria de Estado de Educação, que possui a coleção completa da legislação do Distrito Federal e do Boletim de Educação Pública, publicação oficial da Diretoria de Instrução Pública nos anos 1930, que inclui os relatórios do seu diretor; o Arquivo Geral da Cidade do Rio de Janeiro, no qual encontramos as Mensagens dos Prefeitos da cidade, oferecendo uma visão de conjunto da administração pública no Distrito Federal, além de permitir detectar a tônica de cada administração e a situação da Educação entre os diferentes serviços sociais mantidos pela prefeitura.

Além dos arquivos, algumas bibliotecas e programas de pós-graduação reúnem trabalhos de Anísio Teixeira e de seus biógrafos e comentaristas. Além desses trabalhos, temos organizada uma série de entrevistas realizadas com antigos alunos, professores e colaboradores diretos do intelectual em questão, que também constituirá objeto de reflexão e será ampliada se se fizer necessário (Nunes, 1984 e 1986).

Chaves Interpretativas

Nossas chaves interpretativas são duas: a categoria de intelectual e a de projeto.

A partir do aporte gramsciano, consideramos Anísio Teixeira como intelectual orgânico das classes dirigentes. Esta apreciação, ao ganhar corpo na pesquisa histórica, deverá levar em conta as complicações que emergem das suas relações com o Estado e das relações do Estado com a sociedade e com as classes sociais na conjuntura brasileira dos anos 1930. Algumas dessas complicações já foram apontadas em trabalhos anteriores (Nunes, 1984).

O Estado no Brasil foi sempre bastante forte em contraposição à sociedade civil. A Revolução de 30 tornou possível a modernização autoritária, facilitada pela fragilidade da sociedade civil e pela assimilação, na burocracia estatal, de intelectuais que representavam, de modo real ou potencial, os valores das classes subalternas, particularmente das classes médias (Coutinho, 1986, p. 151; e Filho, 1982, pp. 21-103). Com a subordinação da sociedade civil à sociedade política, a função de domínio das classes dominantes predominava sobre a de direção. O deslocamento da função hegemônica (reduzida) se fazia de uma fração para outra das classes dominantes e não delas para as classes subalternas. Esta peculiaridade da nossa formação social, num momento de crise econômica e política, marca a reflexão sobre os intelectuais nesse momento histórico.

Como integrantes da burocracia estatal, esses intelectuais, e entre eles Anísio Teixeira, funcionaram como mediadores nas relações Estado-sociedade civil. Embora atendessem aos interesses das classes dominantes, que os cooptavam, não deixaram de relacionar-se com as camadas médias e a pequena burguesia, que também faziam parte do aparelho estatal e com quem mantinham relações de aproximação e oposição (Pinheiro, 1977).

Se o aporte teórico de Gramsci arma nosso olhar para examinar com mais longo alcance a relação dos intelectuais com o Estado, ele não capta mais diretamente sua atuação, dentro do aparelho de Estado, no seu trabalho de construir uma política com todas as possibilidades e vicissitudes que isto comporta. Daí adotarmos, como segunda chave interpretativa, a noção de projeto.

De modo bastante simples, o ponto de partida da noção de projeto é a ideia de que os sujeitos (individuais ou coletivos) podem escolher alternativas e são capazes de tentar, de forma consciente, dar sentido ou coerência à experiência fragmentadora da vida social. O projeto é formulado dentro de um campo de possibilidades históricas e culturais, e suas continuidade e estabilidade dependem de sua capacidade de definir a realidade de maneira convincente e coerente, o que lhe garante eficácia política e simbólica (Velho, 1981, pp. 4-23).

O projeto é a possibilidade de mediação entre as condições objetivas do meio e as estruturas objetivas do campo dos possíveis. Representa em si mesmo a unidade em movimento da subjetividade e da objetividade. Através dele, o sujeito (individual ou coletivo) pode exercer sua criatividade, dar conta da história, inventar seu próprio papel e afirmar-se como possibilidade humana, apesar da alienação que está na base e no ápice da sua atividade (Sartre, 1966, pp. 77-90).

Neste sentido, a política educacional, enquanto política construída, é um projeto cuja viabilidade é geradora de conflitos, na medida em que expressa interesses de grupos ou classes em disputa (Romo, 1972, p. 28). Os intelectuais que atuam dentro do aparelho de Estado são agentes de um processo político. Lidam, a partir da sua formação, das suas características específicas de liderança, das suas convicções pedagógicas e das pressões que sofrem, com dois planos: o da realidade social e o da realidade conceitual, no qual elaboram representações dos problemas fundamentais do momento histórico vivido e soluções que alteram o perfil das desigualdades e injustiças sociais corporificadas no campo educacional (Romo, 1972, pp. 70-100).

Na medida em que o administrador procura interferir na realidade, formula modelos de comportamento e normas que tentam impor à realidade rebelde uma racionalidade formal. Para tanto, tem que admitir um ponto de partida e um ponto de chegada. Entre ambos, figuram etapas cujos desdobramentos buscam manter sob controle e cuja dose de risco precisa ser continuamente avaliada para rever metas, apreciar os desvios e as possibilidades de correção de rumo.

Diante do exposto, admitimos que a conjuntura subordina a atuação dos administradores dentro do aparelho estatal, mas não os impede de aproveitar as potencialidades, contornar os riscos e ultrapassá-las dentro dos próprios limites. No nosso país, nos anos 1920 e 1930, foram abertas possibilidades para o Estado gerar e disciplinar iniciativas educacionais que se configuraram em função das tensões desatadas pelas contradições sociais emergentes. As contradições sociais presentes na rede escolar e dentro do próprio aparelho de Estado procuravam expressar-se de alguma forma, embora não chegassem a constituir nenhuma estratégia de oposição. Esta possibilidade, porém, passou a existir e tornou-se ameaçadora. Ela ocasionou o redirecionamento incisivo da política e, já em meados da década de 1930, levou ao afastamento de intelectuais, como Anísio Teixeira, situados em postos-chave na administração pública.

Se essas ideias-diretrizes nos proporcionam instrumentos para analisar a política construída pelos profissionais da Educação dentro do Estado, pouco nos elucidam para compreender as relações entre os educadores e políticos profissionais, entre a política educacional e a política partidária. Supomos que essas relações possam ser mais bem visualizadas nas disputas entre o governo federal, no qual se forja a concepção de Estado construtor da sociedade, e o governo municipal. Seria oportuno averiguar como essas disputas interferiram na gestão política de Anísio Teixeira, acarretando mudanças que incluem a incorporação de novos atores na burocracia estatal, o realocamento de outros e uma série de medidas que podem ter passado despercebidas, mas cujo significado é relevante no rastreamento da construção da política.

REFERÊNCIAS BIBLIOGRÁFICAS

Carvalho, M. M. C. (1986). *Molde nacional e forma cívica: Higiene, moral e trabalho no projeto da Associação Brasileira de Educação (1924-1931)*. São Paulo. Tese de doutoramento.

Coutinho, C. N. (1986). As categorias de Gramsci e a realidade brasileira. *Presença*, (8), 141-162.

Filho, G. C. (1982). *A questão social do Brasil*. Rio de Janeiro: Civilização Brasileira.

Ghiraldelli Jr., P. (1986). A evolução das ideias pedagógicas no Brasil Republicano. *Educação e Realidade*, Porto Alegre, 11(2), 69-79.

Lamounier, B. (1978). *Formação de um pensamento político autoritário na Primeira República — Uma interpretação. História Geral da Civilização Brasileira III: Brasil Republicano — Sociedade e Instituições (1989-1930)*. São Paulo: Difel.

Mello, G. N. (1983). *Magistério de Primeiro Grau: Da competência técnica ao compromisso político*. São Paulo: Cortez.

Miceli, S. (1979). *Intelectuais e classe dirigente no Brasil (1920-1945)*. São Paulo: Difel.

Nagle, J. (1974). *Educação e Sociedade na Primeira República*. São Paulo: EDUSP.

Nunes, C. (1984). *A escola primária de nossos pais e de nossos avós (uma reconstituição histórica da escola primária pública, no DF, na década de 20)*. Relatório de Pesquisa, Departamento de Educação da PUC-Rio.

Nunes, C. (1986). Recontando a história: A escola primária pública no DF através de depoimentos orais. *Revista da Faculdade de Educação da UFF*, 13 (1), 20-35.

Nunes, C. (1987). A reconstrução social da memória: Um ensaio sobre as condições sociais da produção do educador. *Cadernos de Pesquisa*, (61), 72-80.

Paiva, V. (1973). *Educação popular e educação de adultos*. São Paulo: Loyola.

Romo, C. M. (1972). *Estrategia y plan*. México: Siglo XXI.

Sartre, J. P. (1966). *Questão de Método*. São Paulo: Difel.

Saviani, D. (1981). Escola e Democracia ou a teoria da curvatura da vara. *Revista da ANDES*. 1 (1), 23-33.

Saviani, D. (1983). Escola e Democracia: Para além da curvatura da vara. In *Escola e Democracia*. São Paulo: Cortez.

Saviani, D. (1982). As teorias da educação e o problema da marginalidade na América Latina. *Cadernos de Pesquisa*, (42), 8-18.

Teixeira, A. (1928). *Aspectos americanos da educação*. Salvador: São Francisco.

Teixeira, A. (1932). *Educação Progressiva: Uma introdução à filosofia da educação*. São Paulo: Nacional.

Teixeira, A. (1936). *Educação para a democracia: Uma introdução à administração de um sistema escolar*. Rio de Janeiro: José Olympio.

Velho, G. (1981). Projeto, emoção e orientação em sociedades complexas. In *Individualismo e Cultura*. Rio de Janeiro: Zahar.

Vianna, A. & Fraiz, P. (1986). *Conversa entre amigos*. Salvador: FGV/CPDOC/Fundação Cultura do Estado da Bahia.

ANEXO 10 – Projeto de Pesquisa *Ex Post Facto*

3. PROJETO DE PESQUISA *EX POST FACTO*

FORMAS DE ENSINO DA LÍNGUA E SUAS RELAÇÕES
COM A EXPRESSÃO ESCRITA

por

Marcia Sampaio de Moraes[*]

Projeto de Dissertação Apresentado
à Faculdade de Educação
Universidade Federal do Rio de Janeiro
Como Requisito do Seminário de Dissertação

Dezembro de 1990

[*]Ph.D. em Educação, Professora da UERJ
Professora Visitante da University Saint Thomas, MN, USA (1998/99)

ÍNDICE

Capítulo   Página

I. O PROBLEMA 1
    Situação-Problema
    Objetivo, Delimitação e Justificativa do Estudo
    Definição de Termos
    Hipóteses

II. METODOLOGIA 5
    Tipologia do Estudo
    O Ensino de Língua Portuguesa no CAp/UFRJ
       e no CAp/UERJ
    Características dos Estabelecimentos
       Onde Será Executado o Estudo
    Seleção dos Sujeitos
    Coleta de Dados
    Tratamento dos Dados
    Instrumentação
    Tratamento Estatístico

REFERÊNCIAS BIBLIOGRÁFICAS 11

CAPÍTULO I

O PROBLEMA

O ensino de língua portuguesa sofreu, nos últimos anos, uma série de mudanças, principalmente nas escolas de 1º e 2º graus. Estas mudanças deram origem a muitas polêmicas sobre o papel do ensino de língua portuguesa e, a partir da Lei 5.692/71 (Brasil, Congresso Nacional, 1971) — respeitando os interesses, as necessidades e potencialidades do educando —, aprofundou-se o questionamento sobre o que vinha sendo realizado na Área de Comunicação e Expressão.

Para Halliday (1970), antes de poder considerar devidamente os problemas e técnicas do ensino da língua, deve-se, primeiramente, levar em conta o outro lado da medalha: o aprendizado da língua. A questão do aprendizado da língua tem sido fator de grande preocupação, principalmente após a Reforma de 71, possibilitando posicionamentos opostos sobre o ensino da língua portuguesa. Se, por um lado, há professores que acreditam na validade do ensino formal de regras gramaticais, por outro existem professores que tendem a ignorá-lo. Segundo Bechara (1987), cabe à gramática registrar os fatos da língua padrão, estabelecendo os preceitos de como se fala e se escreve bem uma língua, pensamento que vem de encontro ao de Luft (1985) quando afirma que, liberto e consciente de seus poderes da linguagem, o aluno poderá crescer, desenvolver o espírito crítico e expressar toda a sua criatividade, principalmente por ser o aluno um falante nativo que sabe sua língua e, deste fato, os professores tradicionais não se dão conta.

Na verdade, a língua apresenta dois níveis de abstração: o sistema e a norma. O primeiro é um conjunto que admite infinitas realizações e só exige que não sejam afetadas as condições funcionais do instrumento linguístico; o segundo é um sistema de realizações obrigatórias, de imposições sociais e culturais. Diante do fato, a língua, enquanto sistema, oferece ao indivíduo falante inúmeras possibilidades de realização, mas este sofre maior imposição em nível de norma.

A língua portuguesa apresenta-se, enquanto disciplina de ensino, no Parecer nº 853 do Conselho Federal de Educação (CFE, 1971), com o objetivo de cultivar linguagens que possibilitem ao aluno o contato coerente com seus semelhantes e a manifestação de sua personalidade, nos aspectos físico, espiritual e psíquico, sem deixar de ressaltar seu papel de importante expressão da cultura brasileira.

Situação-Problema

Devido à variedade de opções sobre o ensino de língua portuguesa, a autora deste estudo tem observado que a diversidade é uma constante em colégios de 1º e 2º graus, onde a tendência é não haver tendência, ou seja, programas de ensino são modificados anualmente ou são mantidos *ad aeternum*, sem que haja uma avaliação acerca dos conteúdos a serem abordados.

Com relação às modalidades de programa do ensino de língua portuguesa, acontece o confronto entre uma aprendizagem de memorização das nomenclaturas gramaticais e uma aprendizagem visando à aplicabilidade dos conceitos gramaticais na expressão escrita, sem o aprendizado das nomenclaturas.

Diante do constante dilema em relação às vantagens de um e de outro programa, a autora observou que dois Colégios de Aplicação (CAp), um da Universidade Federal do Rio de Janeiro (UFRJ) e outro da Universidade do Estado do Rio de Janeiro (UERJ), adotam propostas diferentes com relação ao estudo da língua portuguesa e, apesar de serem colégios experimentais, de universidades, exemplificam o dilema existente.

O CAp/UFRJ ensina língua portuguesa através do estudo formal de regras gramaticais desde a 3ª série do 1º grau, o que não ocorre no CAp/UERJ, que ensina a língua por meio do estudo de narrativas até a 6ª série do 1º grau, sem a formalidade de regras gramaticais — presentes a partir da 7ª série.

Luft (1985) afirma que muitas pessoas que durante anos foram, e ainda estão sendo, martirizadas pelo ensino de análise sintática sem nunca conseguir aprender, tendo dificuldade em decorar, devem achar surpreendente a afirmação de que a criança de três anos é capaz de fazer análise sintática. Como falante da língua nativa, a criança, em constante contato com a oralidade da língua, termina por distinguir aspectos gramaticais, sem que tenha conhecimento desse fato.

Ainda sobre o estudo formal de regras gramaticais, Bechara (1976) considera que saber análise sintática é imprescindível e que não se devem confundir noções de teoria da comunicação com lições de língua, em que a função precípua da análise sintática não é entender o trecho lido.

ANEXO 10 – Projeto de Pesquisa *Ex Post Facto*

É fato que as nomenclaturas gramaticais são cobradas em concursos, tais como o Vestibular e o do Banco do Brasil, dentre outros. Assim, a escola enfrenta uma séria dificuldade para adequar o melhor tipo de ensino às necessidades do aluno.

A essência do problema é verificar a validade dos tipos de ensino de língua portuguesa por meio do produto final conseguido na expressão escrita (redação).

Objetivo, Delimitação e Justificativa do Estudo

O presente estudo propõe-se a avaliar em que medida o estudo formal, ou não, das regras gramaticais da língua afeta a qualidade da expressão escrita, considerada em seus aspectos sintáticos e gramaticais, de alunos de 6ª série do 1º grau de dois Colégios de Aplicação — da UFRJ e da UERJ.

O estudo está delimitado à variável dependente expressão escrita, embora a autora reconheça a validade da expressão oral.

A importância do estudo está ligada à possibilidade de orientar a organização de programas de língua portuguesa. Dentro dessa perspectiva, o presente estudo poderá ser aproveitado por professores de língua portuguesa, supervisores pedagógicos e responsáveis pela elaboração de currículos em nível de sistemas de ensino (municipal, estadual e federal), visando ao melhor domínio da expressão escrita por parte dos alunos.

Definição de Termos

Os termos-chave do estudo foram assim definidos:

Expressão escrita. Redação, em que há exposição de ideias oriundas de quem a escreve.

Qualidade da expressão escrita. Escores obtidos em redações corrigidas pela escala desenvolvida por Hoffmann (1981). Essa escala foi validada por sua autora quanto a conteúdo, com auxílio de especialistas em língua portuguesa e linguistas. Sua fidedignidade interjuízes também foi aferida, atingindo um valor de 62,43 obtido pelo coeficiente W de Kendal, significativo para um alfa de 0,01.

Estudo formal de regras gramaticais. Estudo da língua portuguesa através de regras gramaticais e respectivas nomenclaturas, de acordo com a Nomenclatura Gramatical Brasileira (NGB) — instituída pela Portaria nº 36 do Ministério da Educação e Cultura, citada em Ferreira (1984).

Colégios de Aplicação. Estabelecimentos de ensino de 1º e 2º graus, ligados a universidades, que atendem a estagiários de graduação universitária.

Hipóteses

Como hipótese substantiva, antecipou-se que haveria diferença entre a qualidade de expressão escrita dos alunos de 6ª série dos Colégios de Aplicação da UFRJ e da UERJ, tanto na redação como um todo quanto em aspectos específicos.

As hipóteses estatísticas nulas testadas foram expressas nos seguintes termos: não há diferença significativa entre as médias de expressão escrita de alunos da 6ª série dos Colégios de Aplicação da UFRJ e da UERJ, tanto nos escores globais da redação quanto nos das subescalas da escala de Hoffmann (1981): estrutura da dissertação (holística), estrutura do parágrafo, correção gramatical, desenvolvimento da ideia principal e apresentação gráfica. Como não havia evidência anterior, pelo menos que fosse do conhecimento desta pesquisadora, sobre a superioridade de um ou de outro tratamento testado, as hipóteses foram não direcionais.

4

ANEXO 10 – Projeto de Pesquisa *Ex Post Facto*

CAPÍTULO II

METODOLOGIA

Este capítulo trata das seguintes seções: tipologia do estudo, o ensino de língua portuguesa nos Colégios de Aplicação da UFRJ e da UERJ, características dos estabelecimentos onde será executado o estudo, seleção dos sujeitos, coleta dos dados, tratamento dos dados, instrumentação e tratamento estatístico.

Tipologia do Estudo

Trata-se de uma pesquisa *ex post facto*, onde a variável independente ocorre sem a interveniência do pesquisador.

A variável independente é metodologia do ensino de língua portuguesa. No grupo do CAp/UERJ, é representada por um ensino agramatical, isto é, em que os alunos não aprenderam regras gramaticais, nem nomenclaturas específicas de elementos da língua. No grupo do CAp/UFRJ, é representada pelo ensino da língua portuguesa por meio de regras gramaticais, de acordo com a Nomenclatura Gramatical Brasileira.

A variável dependente é qualidade da expressão escrita, medida pela pesquisadora por meio de uma redação, que será aplicada aos dois grupos ao final do período letivo de 1989.

O Ensino de Língua Portuguesa
no CAp/UFRJ e no CAp/UERJ

O aprendizado da nomenclatura dos elementos da língua, no CAp/UFRJ, acontece a partir da 3ª série do 1º grau, pois se espera que nessa fase o alunado tenha domínio, através de automatismos, das estruturas da língua (CAp/UFRJ, Equipe de Língua Portuguesa, 1987). Esse fato só acontece, no CAp/UERJ, a partir da 7ª série, pois, por motivos psicolinguísticos, o ensino do uso da língua se dá antes de sua gramática e, por fatores cognitivos, é importante que o aluno deixe a fase de operações concretas e chegue às operações formais, para que seja orientado na sistematização da gramática da língua (CAp/UERJ, Equipe de Língua Portuguesa, 1985).

A diferença básica entre os programas de língua portuguesa do CAp/UFRJ e CAp/UERJ consiste no ensino da gramática da língua. Enquanto no CAp/UFRJ os alunos trabalham com muitos exercícios estruturais provenientes de livro didático, no CAp/UERJ trabalham com muitos textos, mais explicitamente com gramática da narrativa (tipos de narrativa e elementos que a constituem) e não fazem uso de livro didático.

Os alunos do CAp/UFRJ, a partir da 5ª série, fazem trabalho de expressão escrita uma vez por semana, em suas respectivas residências, e as redações são corrigidas pelo professor, que as devolve aos alunos. O tema das redações é de livre escolha dos alunos.

O trabalho de expressão escrita no CAp/UERJ é feito, a partir da 5ª série, ao final do estudo de um tipo de narrativa, além da produção de textos teóricos, em que o aluno sistematiza — com suas palavras — as ideias e descobertas discutidas ao trabalhar aspectos da língua. Os alunos fazem as redações, que são corrigidas pelo professor e, posteriormente, entregues para que as refaçam (reescrita), tendo nova avaliação. O tema das redações acompanha o tipo de narrativa estudado.

Características dos Estabelecimentos Onde
Será Executado o Estudo

Alguns aspectos são relevantes em relação às características dos Colégios de Aplicação.

Ingresso no Colégio

No CAp/UFRJ, o concurso público acontece para todas as séries de 1º e 2º graus, exceto para séries terminais (8ª série do 1º grau e 3ª série do 2º grau), desde que haja vagas. Para a 1ª série do 1º grau, foram oferecidas, para 1989, 50 vagas.

No CAp/UERJ, o concurso público acontece para a 5ª série do 1º grau e o acesso à Classe de Alfabetização é feito mediante sorteio público. Foram oferecidas, para 1989, 60 vagas para a 5ª série e 60 vagas para a Classe de Alfabetização, sendo metade do número de vagas oferecida à comunidade externa, e a outra metade, aos filhos de funcionários e de professores da UERJ.

Nos dois colégios, os alunos que terminam o 1º segmento do 1º grau têm acesso direto ao 2º segmento e, posteriormente, ao 2º grau, sem necessidade de participar dos concursos.

Critérios de Seleção

No CAp/UFRJ, são aprovados os candidatos que obtêm as maiores notas, havendo classificação de acordo com o número de vagas, não se considerando aprovado o candidato que obtiver média inferior a cinco. O mesmo se aplica ao CAp/UERJ, com exceção de reprovação de candidato com média inferior a cinco, desde que haja vaga, sendo reprovados os candidatos com grau zero em uma das provas.

As provas dos concursos, nos dois colégios, incluem língua portuguesa e matemática, de acordo com programas e editais estabelecidos, exceto para a 1ª série do 1º grau no CAp/UFRJ, que exige apenas avaliação em língua portuguesa, com prova de leitura oral e prova escrita e, para o acesso ao 2º grau, provas de língua portuguesa, matemática e de uma língua estrangeira à escolha do candidato.

Composição das Turmas

No CAp/UFRJ, o critério para composição de turmas inclui faixa etária homogênea, número equivalente de alunos dos sexos masculino e feminino, resultado no concurso e histórico (média final no colégio de origem).

No CAp/UERJ, o critério para composição de turmas inclui, para a Classe de Alfabetização, faixa etária homogênea e número equivalente de alunos dos sexos masculino e feminino, sendo este último o único critério para composição de turmas da 5ª série.

Serviços Pedagógicos

Os dois colégios contam com Serviço de Orientação Pedagógica (SOP) e Serviço de Orientação Educacional (SOE).

No CAp/UERJ há o Serviço de Fonoaudiologia, que atende a alunos do 1º segmento do 1º grau.

Reprovação

No CAp/UFRJ, o aluno que não obtiver média sete deverá fazer prova final e, não conseguindo a média, é indicado para Época Especial (prova realizada em fevereiro), tendo que obter, no mínimo, cinco. Além disso, o aluno não pode ter dupla repetência nas séries do mesmo segmento, sendo, neste caso, jubilado.

No CAp/UERJ, a média para o aluno ser aprovado sem prova final é oito. O aluno que obtiver média inferior deverá fazer prova final e, não conseguindo média, deverá obter, no mínimo, seis na prova de Época Especial. Não se aceita dupla repetência na mesma série, sendo o aluno, neste caso, jubilado.

Só tem direito a fazer Época Especial o aluno que precisar de pontos em, no máximo, duas disciplinas. Esse critério é válido para os dois colégios.

Qualificação Docente

Para o CAp/UFRJ, o docente deve possuir Curso de Formação de Professores (Normal) e graduação em Pedagogia para lecionar no 1º segmento. Para o 2º segmento e o 2º grau, o professor deve ter Licenciatura Plena na disciplina em que atua.

Para o CAp/UERJ, o docente deve possuir, além do Curso de Formação de Professores, Licenciatura Plena para lecionar no 1º segmento e, para o 2º segmento ou para o 2º grau, Licenciatura Plena na disciplina em que atua.

Seleção dos Sujeitos

Participarão do estudo os alunos matriculados nos Colégios de Aplicação — UFRJ e UERJ — desde a 1ª série do 1º grau e que cursarem a 6ª série em 1989.

Contar-se-á apenas com alunos da 6ª série do 1º grau, por ser a última série que não trabalha com o estudo formal de regras gramaticais no CAp/UERJ.

Em 1989, o CAp/UERJ contou com seis turmas de 6ª série, e o CAp/UFRJ, com duas turmas da mesma série.

ANEXO 10 – Projeto de Pesquisa *Ex Post Facto*

A proposta inicial era fazer com que todos os alunos de 6ª série produzissem a redação. No entanto, não se poderá contar com uma das seis turmas do CAp/UERJ. No CAp/UFRJ, todos os alunos de uma das turmas participarão, mas apenas metade do número de alunos da outra turma poderá fazer a redação. Então, do CAp/UERJ serão coletadas 133 redações, e no CAp/UFRJ, 40.

Os trabalhos dos alunos que fizeram parte da amostra serão selecionados *a posteriori*, segundo a condição de terem estado nos colégios desde a 1ª série do 1º grau. Sendo assim, qualificam-se para a pesquisa 28 alunos do CAp/UFRJ e 84 do CAp/UERJ.

Para que os grupos tenham o mesmo número de participantes, far-se-á uma escolha randômica simples nas redações do grupo CAp/UERJ, obtendo-se 28 redações em cada estabelecimento considerado.

Coleta de Dados

Os alunos de 6ª série serão submetidos ao trabalho de expressão escrita, em novembro de 1989, em seus respectivos colégios e salas de aula. A solicitação do trabalho de redação será feita pelo próprio professor de língua portuguesa de cada turma, com a presença da autora deste estudo. O tema da redação será "Um Passeio Inesquecível".

Os alunos receberão um material mimeografado, composto por duas folhas pautadas, o título da redação e um cabeçalho.

O trabalho de redação, incluindo o preenchimento do cabeçalho, está previsto para um período de 1h30 min.

Para identificar os alunos que fizerem parte da amostra, será solicitado a todos que escrevam, na parte superior da primeira folha mimeografada, a série em que ingressaram nos colégios. A autora receberá dos professores a confirmação sobre as informações de cada aluno.

Tratamento dos Dados

A correção das redações será realizada por dois professores de língua portuguesa, que trabalham em escolas da rede municipal do Rio de Janeiro. Os professores foram escolhidos com base em sua competência e por terem aceitado o trabalho sem exigir remuneração, por serem amigos da pesquisadora.

Para assegurar que não haja reconhecimento das instituições pelos professores avaliadores, serão retirados das redações quaisquer dados que possam identificá-las. Cada redação receberá um código numérico.

Instrumentação

Será aplicada no estudo, para correção das redações do grupo de alunos selecionados e obtenção dos respectivos escores — para posterior comparação entre os dois grupos —, a Escala de Correção de Redação desenvolvida por Hoffmann (1981). Esta escala de correção possui cinco subescalas. A primeira analisa a estrutura do texto como um todo; as outras quatro subescalas representam componentes de estruturação da expressão escrita. Sua validade de conteúdo foi aferida por especialistas em língua portuguesa, e sua fidedignidade interavaliadores, calculada pelo coeficiente W de Kendal, atingiu 62,43 (Hoffmann, 1981).

Para os esclarecimentos necessários quanto ao uso da escala de correção, cada avaliador receberá uma folha de instruções.

Tratamento Estatístico

As hipóteses nulas do estudo, que se referem aos escores médios globais de cada grupo e aos escores médios relativos às subescalas, já mencionadas na seção de Hipóteses do Capítulo I, serão testadas pelo Teste "t", para amostras independentes, bicaudal, tendo em vista seu caráter não direcional. O nível de significância foi fixado em 0,05.

REFERÊNCIAS BIBLIOGRÁFICAS

Bechara, E. (1976). *Lições de português pela análise sintática*. Rio de Janeiro: Grifo.

Bechara, E. (1987). *Moderna gramática portuguesa*. São Paulo: Companhia Editora Nacional.

Brasil, Congresso Nacional (1971). Lei 5.692/71. *Diário Oficial*, 18 de agosto.

Brasil, Conselho Federal de Educação (CFE) (1971). Parecer nº 853. *Diário Oficial*, 27 de agosto.

CAp/UERJ, *Equipe de Língua Portuguesa (1985). Programa de língua portuguesa*. Rio de Janeiro: Autor.

CAp/UFRJ, *Equipe de Língua Portuguesa (1987). Programas de português*. Rio de Janeiro: Autor.

Ferreira, A. B. de H. (1984). *Novo dicionário da língua portuguesa*. Rio de Janeiro: Nova Fronteira.

Hoffmann, J. M. L. (1981). *A controvérsia da redação no vestibular: Problema de pertinência da prova ou de fidedignidade da medida?* Dissertação de Mestrado. Rio de Janeiro: Faculdade de Educação, Universidade Federal do Rio de Janeiro.

Halliday, M. A. K. (1970). *The linguistic sciences and language teaching*. Londres: William Clowes.

Luft, C. P. (1985). *Língua e liberdade: Por uma nova concepção da língua materna*. Porto Alegre: L & PM.

4. PROJETO DE PESQUISA ETNOGRÁFICA

CONSELHO DE CLASSE: UMA ABORDAGEM
SIMBÓLICA E RITUAL

por

Newton de Abreu Pithan[*]

_____

Projeto de Dissertação Apresentado
à Faculdade de Educação
Universidade Federal do Rio de Janeiro
Como Requisito do Seminário de Dissertação

Junho de 1994

_____
[*]Bacharel em História e Mestre em Educação (UFRJ)
Professor de História do Estado do Rio de Janeiro

ANEXO 10 – Projeto de Pesquisa Etnográfica

ÍNDICE

Capítulo	Página

I. O CONSELHO DE CLASSE COMO RITUAL 1
    Objetivo e Justificativa do Estudo
    Referencial Teórico

II. A METODOLOGIA 7
    Entrada em Campo
    Participantes do Estudo
    Instrumentos de Coleta de Dados
    Coleta de Dados
    Tratamento e Interpretação dos Dados

REFERÊNCIAS BIBLIOGRÁFICAS 11

CAPÍTULO I

O CONSELHO DE CLASSE COMO RITUAL

O Conselho de Classe é uma prática recente no contexto escolar brasileiro. Sua institucionalização aconteceu na década de 1970, em plena vigência do regime militar pós-64. No campo da Educação, o contexto é o da reformulação do ensino de 1º e 2º graus (Lei 5.692/71, Brasil, Congresso Nacional, 1971), que promoveu a extinção do ensino primário, ginasial, científico e clássico, criando o ensino de 1º grau de oito anos com promoção automática, em substituição aos testes de admissão. Essa reformulação, implantada em conformidade com o ideário do tecnicismo modernizador, colocava sob a responsabilidade da escola a articulação entre educação e desenvolvimento (Cunha, 1985), obrigando as escolas a adotar novos currículos e a adequá-los às chamadas "características regionais específicas". A escola teria como função preparar o aluno com vistas à sua inserção no mundo do trabalho. Os legisladores educacionais, supervalorizando a escola, em termos funcionais, imaginavam resolver a equação entre o ensino e o desenvolvimento econômico; o mundo imaginado do trabalho em tempos de milagre econômico fornecia as "bases" com as quais a escola trabalharia. Assiste-se a um eufórico interesse por métodos e técnicas de ensino, que encontram na Educação um terreno fértil para o exercício do cientificismo, do objetivismo e da neutralidade, pressupostos da teoria do capital humano (Coimbra, 1988).

Nesse contexto, e em função da orientação legal sobre as novas formas avaliativas (art. 14, Lei 5.692/71), o Conselho de Classe é encarado como a prática que mais se adaptaria a essa nova realidade, em que o domínio afetivo, as habilidades e atitudes, áreas de estudo e conceitos passam a compor, de forma oficial, o "novo currículo".

Constatado o fracasso da proposta profissionalizante da Lei 5.692/71 e de sua alteradora (Lei 7.044/82, Brasil, Congresso Nacional, 1982), as reformas persistiram, e foi com a realidade de suas "inovações" que se construiu o cotidiano escolar com que hoje lidamos. O Conselho de Classe tornou-se a única reunião do corpo de professores e dirigentes escolares institucionalizada e oficial que ocorre dentro da escola (Rocha, 1984), onde a participação dos "não especialistas" — pais, alunos, comunidade — raramente ocorre, restringindo-se a "presenças" representativas, com questionável papel efetivo. A escola, com 180 dias letivos de aula, cinco dias semanais, com média de quatro horas diárias de prática educativa em sala de aula, contempla com duas ou três horas bimestrais o único encontro efetivo entre professores, que, por definição legal, se encarregaria de uma gama de atividades-síntese. Em tese, o Conselho sintetizaria as etapas de planejamento e execução da prática educativa, promovendo sua avaliação e reorientação das práticas. Essa atividade-síntese do Conselho estaria indissociavelmente ligada a etapas de efetivo planejamento, onde se construiria o currículo mais adequado àquela escola. Na realidade, o "planejamento", feito mais em função de contracapas de livros didáticos, ocorre antes mesmo de conhecer-se o aluno, uma semana antes de sua chegada, transformando-se em uma atividade individual do professor, na qual a interdisciplinaridade reduz-se a alguns "cruzamentos" de conteúdos programáticos. As reuniões "pedagógicas" semanais, que perfazem um quarto da carga semanal de trabalho do professor, são alvo de vista grossa por parte das instâncias superiores, caracterizando verdadeiras "reuniões-fantasma". O Conselho, no entanto, parece "funcionar" ignorando todos esses problemas.

O Conselho incorporou-se de tal forma à cultura escolar, que adquiriu significação simbólica e ritual por excelência, mas é em torno dos aspectos avaliativo e participativo que se concentram os estudos sobre o tema (Penna Firme, 1978, e Rocha, 1984). Embora tenham lançado luz sobre as dificuldades enfrentadas nas escolas em relação aos Conselhos, as análises situam-se dentro da ótica que limita o "olhar" sobre as práticas escolares, restrito ao que Teixeira (1990) define como o universo de análise da razão técnica: "(...) o ponto de vista que analisa a escola, e sua relação entre cultura e prática, como determinação da ação pragmática dos homens, o que levaria a um utilitarismo das ações" (p. 53). O parâmetro técnico de análise acaba por ignorar os elementos ideológicos presentes em determinada prática, assim como as atitudes de resistência de seus membros, uma vez que não se detêm na representação que seus agentes fazem de seu papel e de sua prática, na escola e no seu grupo social. A prática utilitária decorre deste não questionamento da qualidade da participação e de seu sentido, e colabora, ainda mais, no caso dos Conselhos, para a caracterização de seus elementos simbólico e ritual.

Contemplando esses novos elementos, o parâmetro de análise da razão cultural, segundo Teixeira (1990), amplia o "olhar" para além do objetivismo, partindo do pressuposto de que: "(...) a ação humana é mediada pelo projeto

2

cultural, procura resgatar a dimensão simbólica" (p. 53). Dessa forma, analisar os Conselhos significa buscar sua dimensão enquanto mediação entre o instituído e o instituinte, tentar perceber como sua dinâmica se associa à forma de produção cultural daquela escola, seja nos espaços de "instrução" de sala de aula, nos espaços de "discussão pedagógica" ou nos momentos mais simples e cotidianos da escola. Esse cotidiano escolar é visto não só como parte integrante do contexto cultural da escola, mas também como o local onde se desenvolve a busca de sentido para a ordenação das diferenças.

O Conselho de Classe, na escola, simboliza os elementos que compõem o que é, em tese, uma (idealizada) escola, construída historicamente dentro dos parâmetros da racionalidade técnica. Veio a instituir uma falsa síntese da escola. Simultaneamente, torna-se instituinte de uma síntese real das atividades produzidas na escola, revelando os elementos que compõem a práxis da escola. No espaço do Conselho, é mais clara a identificação do processo percorrido, em termos de cultura escolar, da atuação humana frente ao que deveria ou poderia ser e o que efetivamente é na escola, justamente pelo seu grau de significado simbólico e ritual.

O Conselho de Classe geralmente é analisado pela ótica da objetividade, seja através da compreensão das funções, regras e papéis subjacentes aos membros, seja através de sua eficiência e eficácia em relação aos objetivos legais. Ao analisar o instituído, e até ao propor-se instituir novas formas para os Conselhos, incorre-se no erro de desprezar os elementos subjetivos imanentes ao ritual, uma vez que eles não desaparecem em função da forma pela qual se revestem; eles persistem, uma vez que, como cultura, são elementos constitutivos do sujeito. As relações manifestadas no Conselho, vistas também pela ótica da subjetividade, permitem a compreensão de como o ritual contempla a coletivização das subjetividades, relacionadas intimamente ao contexto (escola) onde se desenvolve a ação. Ao contrário da noção de subjetividade individual, em que os sentidos que os objetos têm são interiores ao indivíduo, a noção de subjetividade coletiva supõe a produção de uma contingência social e histórica determinada, em que os sujeitos que a produzem são constituídos também pelas condições de relacionamento entre (no caso da cultura escolar) a instituição e seus agentes, pelas expectativas do processo de trabalho, pela forma como o "outro" recebe e devolve a percepção da realidade onde a ação se desenvolve.

As decisões que se concentram no Conselho muitas vezes são baseadas em julgamentos provisórios. O Conselho instituiu uma síntese obrigatória e finalista, e geralmente os juízos que nele acontecem resultam da condição de doxa, de opinião, própria do saber cotidiano (Kenski, 1989), construído pela prática do trabalho de seus agentes. Esses juízos, que nem sempre correspondem a uma etapa conclusiva de um ato de reflexão, são norteadores da ação individual e constituem, de forma desordenada, consciente ou não, sua ideologia. A confrontação dessas práticas individualizadas no espaço do Conselho implica também um ato coletivo de "metabolização" das subjetividades que constituem as "doxas", fato que não leva, necessariamente, ao estabelecimento de "consenso", embora este se configure em uma das possibilidades do ritual. As possibilidades de correções desses julgamentos, em função da coletivização das experiências, mas em última instância em função de uma decisão moral individual, definem o caráter provisório, que se conserva na própria alteração (Heller, 1985).

O Conselho, visto a partir de uma perspectiva simbólica, constitui um elemento fundamental da socialidade dentro da escola, elemento organizador na realidade do cotidiano escolar, "fórum" capaz de viabilizar e garantir uma "síntese" das práticas dos seus agentes — produto e produtor daquela realidade escolar — ponto de inflexão entre o "organizado" e o "inorganizável" (Teixeira, 1990).

O Conselho revestiu-se de expectativas, incorporou-se à vida cotidiana da escola, adquirindo uma característica própria, que parece carente de investigação. Que característica é essa? Como atua nas escolas?

Objetivo e Justificativa do Estudo

Esta investigação tentará determinar as características simbólicas e rituais presentes nos Conselhos de Classe e investigar o sentido da ação dos que neles estão envolvidos.

Tendo em vista a importância adquirida pelo Conselho de Classe nas escolas e sua crescente supervalorização como instância de atuação em direção a uma democratização da gestão escolar e a uma busca de qualidade na prática educativa, torna-se oportuno um estudo que busque redimensioná-lo, levando em conta sua significação simbólica e ritual profundamente enraizada no cotidiano escolar, cenário das representações afetivas, sociais e ideológicas dos envolvidos, cultural e historicamente situados, que atuam na construção da realidade escolar.

A investigação das características rituais permite compreender de que forma se interligam os eventos dramatizados do cotidiano, seu significado enquanto mediação simbólica e a construção da realidade cultural escolar.

A análise das práticas escolares do ponto de vista ritual, segundo McLaren (1991), viabiliza aos envolvidos padronizar e/ou repadronizar significados culturais dos grupos envolvidos e assim aplacar alguns sintomas negativos da tecnocracia moderna. A compreensão de como os rituais operam pode colaborar no sentido da modificação de regras culturais que ditam padrões hegemônicos de atuação, desde a sala de aula até a política escolar, relacionada às questões tanto pedagógicas como administrativas.

Referencial Teórico

É importante explicitar o referencial teórico que dará fundamento a este trabalho, pois ele possibilita mais claramente a percepção da "ótica", do "olhar" através do qual o conselho será analisado. O referencial teórico está intimamente ligado ao tipo de procedimento metodológico: a etnografia.

Durante muito tempo, na tradição antropológica, a etnografia foi vista como ateórica, uma técnica de coleta de dados, ou mesmo um processo essencialmente subjetivo, uma vez que buscava entender a construção de uma cultura particular através da visão de seus membros. Dentro dessa ótica, a perspectiva teórica do pesquisador não era vista como presente no processo. Reflexões posteriores vieram questionar essa definição, construindo uma visão da etnografia em que as indagações preliminares do investigador têm sua gênese nas discussões teóricas a respeito do tema, não sendo o trabalho etnográfico um mero reflexo da cultura estudada, mas um objeto construído, e em que o investigador carrega uma perspectiva teórica para a tarefa de observação e interpretação das realidades estudadas (Rockwell, 1986).

Em função da estreita relação entre observação e análise, na etnografia, a definição mais elaborada das categorias teóricas será construída durante o processo da pesquisa. Esse fato, no entanto, não implica que todos os referenciais teóricos sejam resultantes do empirismo. Como foi dito anteriormente, a opção pela etnografia já demonstra em si um certo posicionamento teórico. Ao optar-se por trabalhar categorias muitas vezes desprezadas por outras áreas das ciências humanas, parte-se de um plano teórico amplo, que aos poucos adquirirá contornos mais definidos.

A categoria teórica que embasa inicialmente este estudo é o conceito de ritual elaborado por McLaren (1991), ao analisar a escola, e que representa um distanciamento da noção funcionalista de ritual. Esta última o percebe como

> uma série de atos dispostos em procedimento rítmico, dirigidos ao mesmo fim e repetidos sem variação em certas ocasiões... como culturais, não são essencialmente rígidos, mas em geral correspondem à tendência de evitar a dificuldade e riscos de criar o novo, quando existem fórmulas consagradas pela experiência e pela eficácia. (Siches, 1965, p. 260)

McLaren (1991) observa que as definições, no campo etnográfico, devem servir mais como pontos iniciais para a investigação do que propriamente como etapas teóricas conclusivas e propõe uma definição mínima (fraca) de ritual que serve de parâmetro inicial a este estudo:

> A ritualização é um processo que envolve a encarnação de símbolos, metáforas e paradigmas básicos através de gestos corporais formativos. Enquanto formas de significação representada, os rituais capacitam os atores a demarcar, negociar e articular sua existência fenomenológica como seres sociais, culturais e morais. (p. 88)

A cultura escolar, entendida como o universo das diferenças culturais do estudante, do professor, do funcionário, do responsável, será contextualizada, vista como resultado da ação desses agentes, imbuídos de sua carga simbólica, afetiva e ideológica em relação à instituição. O autor argumenta que as dimensões dos rituais aparecem mais claramente na vivência desses eventos. Possuem extrema importância na escola, não somente refletindo a realidade, mas construindo-a.

CAPÍTULO II

A METODOLOGIA

O capítulo está estruturado em cinco seções que abordam os procedimentos metodológicos: entrada em campo, participantes do estudo, instrumentos de coleta de dados, coleta de dados e tratamento e interpretação dos dados.

Entrada em Campo

A entrada em campo será feita através de encaminhamento oficializado às CREs (Coordenadorias Regionais de Ensino), nas quais as escolas se situam, contando com o consentimento das direções e dos participantes. A entrada do pesquisador em campo não será oculta; no entanto, somente parte dos objetivos será explicitada. Será comunicado que a pesquisa desenvolver-se-á no campo da análise de práticas escolares, não as particularizando. Esse tipo de colocação parece o mais adequado, pois permite ao pesquisador, ao não deixar totalmente claros seus objetivos, evitar alterações substanciais no comportamento do grupo. Esse tipo de presença do investigador em campo pode ser caracterizado como "participante como observador" (Junker, citado por Lüdke e André, 1986) e possibilita ao pesquisador centrar sua observação no comportamento das pessoas, buscando atingir a visão EMIC dos participantes, isto é, sua visão interna.

Participantes do Estudo

Participarão do estudo alunos, responsáveis, professores, especialistas, funcionários de apoio e diretores de duas escolas de 1º grau da rede municipal de ensino do Rio de Janeiro. Foram escolhidas duas escolas para este estudo porque permitem, para efeito de análise e interpretação dos dados, um espectro maior do que se fosse somente uma escola. Além disso, pela própria abordagem deste estudo, serão mais bem analisadas as características simbólicas e rituais dos Conselhos se houver uma possibilidade comparativa.

ANEXO 10 – Projeto de Pesquisa Etnográfica

Foram selecionadas escolas da rede municipal de ensino pois, como profissional há dez anos trabalhando na rede, a experiência deste pesquisador poderá contar positivamente no trabalho, facilitando a compreensão de certos mecanismos administrativos, na determinação dos melhores espaços de pesquisa, assim como na decodificação de certos padrões culturais do grupo estudado.

Foram escolhidas escolas situadas na zona oeste do Rio de Janeiro, pois retratam uma realidade socioeconômica e cultural característica daqueles segmentos da população que necessitam de maior atenção da escola e do poder instituído.

Levantado um perfil médio das escolas municipais dessa região, foi possível visualizar o que seria uma escola representativa: média de 35 alunos por turma, com uma ou duas turmas tendo mais de 40 alunos; necessidade de três professores, em média; grade curricular reduzida nas disciplinas com necessidade de professor; falta de supervisor ou orientador educacional; presença dos mesmos na escola em época de Conselho, encarregados, em média, de três escolas.[1] Esse levantamento serviu de base para as escolhas, pois não é objetivo deste trabalho abordar o tema sob condições idealizadas, em termos físicos e humanos, mas sim sob condições reais, representativas do perfil médio da escola pública municipal no Rio de Janeiro. Outro fator levado em conta na escolha das escolas foi a existência de turmas de 8ª série, pois elas representam um foco imprescindível para o estudo. Nessa série, no que diz respeito aos Conselhos, é possível empreender análises mais significativas, pois representa, em termos de vida escolar do aluno, a passagem para um estágio significativamente superior (2º grau). A importância do Conselho de Classe de 8ª série manifesta-se, também, na iniciativa do poder competente em duplicá-lo, criando um novo COC, após o término do ano letivo regular (Portaria nº 48 de 03/12/93, institui o 6º COC).

Instrumentos de Coleta de Dados

Os instrumentos a serem utilizados na pesquisa serão a observação, entrevistas não estruturadas e análise de documentos.

As entrevistas não estruturadas parecem ser um mecanismo adequado para a coleta de dados dentro da perspectiva da pesquisa; não direcionam rigidamente para o tema, tangenciam-no e a ele retornam sem denunciá-lo; é possível situá-lo em meio a outros temas significativos que sirvam de estímulo

---
[1] Dados da SME, DAP-2, Supervisão, Currículo e Avaliação, coletados em 1994.

ao entrevistado, possibilitando coleta de informações complementares que favoreçam ao pesquisador a percepção da visão EMIC dos entrevistados.

A análise documental colaborará no sentido de mapear a evolução do rendimento escolar do aluno ratificado no Conselho, verificar os procedimentos da escola em relação à atividade avaliativa do professor, à sua própria organização e à compreensão da organização da escola em relação ao Conselho e a seus desdobramentos.

Coleta de Dados

Os dados serão coletados junto a todos os envolvidos, direta ou indiretamente, com o Conselho, podendo a escolha ser ocasional, circunstancial ou intencional, planejada antecipadamente.

Dentro do espaço escolar, todos os espaços serão utilizados para a observação. As conversas de corredor, de pátio, de tempos vagos do professor, de recreio dos alunos, de entrada e saída dos turnos constituem espaços e momentos descomprometidos com a rigidez formal e por isso podem ser muito férteis para a observação e até pequenas entrevistas. As reuniões existentes na escola (administrativas, pedagógicas e outras) serão alvo da pesquisa, pois, pelo fato de serem coletivas, permitem uma compreensão melhor do universo das igualdades/diferenças. As reuniões entre professores e alunos constituem um momento fundamental, principalmente se o objeto em discussão for avaliação, conselho, escolha de representação, ou outros. Os responsáveis pelos alunos serão abordados em reuniões na escola, ou mesmo nos espaços físicos da escola, podendo surgir, circunstancialmente, encontros fora do espaço escolar.

O período de coleta de dados se iniciará no final de junho de 1994 e irá até o final do 6º COC, que acontecerá em data ainda não divulgada, provavelmente no início de janeiro de 1995.

As observações e entrevistas são instrumentos que podem ser usados simultaneamente. Existe um espectro de reações que deve constar da observação, mesmo quando se desenvolve a entrevista, que compõe o que Thiollent (1980) chama de "atenção flutuante", em que se deve buscar o significado do silêncio, da hesitação, dos ritmos verbais e não verbais, das entonações. Esses elementos ajudam a compreender todo o discurso não verbalizado (Lüdke e André, 1986, p. 36).

Em reuniões coletivas, será utilizado o registro através de notas, pois a gravação, em ambientes abertos, possui baixa qualidade técnica. Nas entrevistas com pequenos grupos, será utilizado o registro através de gravação.

Tratamento e Interpretação dos Dados

A primeira etapa após a coleta de dados será o momento em que se tentará estabelecer semelhanças, tendências e padrões relevantes. Essa etapa é de fundamental importância, pois tornará possível a formulação de questões analíticas a respeito de várias questões que "atravessam" o tema, como, por exemplo, a relação entre conselho-reprodução-resistência, conselho-participação-alienação e conselho-disciplina-afetividade.

As categorias teóricas mais específicas serão delineadas mais claramente nessa etapa, quando, em função dos padrões relevantes de dados, for possível estabelecer relações com o quadro teórico inicial e constituir uma perspectiva teórica nova e particular, buscando acrescentar algo de novo ao que já se conhece sobre o tema.

REFERÊNCIAS BIBLIOGRÁFICAS

Coimbra, C. M. B. (1990). A divisão social do trabalho e os especialismos técnico-científicos, *Revista do Departamento de Psicologia UFF*, 2 (2).

Cunha, L. A. & Góes, M. de (1985). *O golpe na educação: Brasil — anos de autoritarismo*. Rio de Janeiro: Jorge Zahar.

Heller, A. (1985). *O cotidiano e a história*. Rio de Janeiro: Paz e Terra.

Kenski, V. M. (1989). Avaliação da aprendizagem. In I. P. A. Veiga (Coord.). *Repensando a didática*. Campinas: Papirus.

Lüdke, M. & André, M. E. D. A. (1986). *Pesquisa em educação: Abordagens qualitativas*. São Paulo: EPU.

McLaren, P. (1992). *Rituais na escola: Em direção a uma economia política de símbolos e gestos na educação*. Petrópolis: Vozes.

Penna Firme, M. J. B. (1978). *Avaliação dos COCs nas escolas oficiais de ensino de 1º e 2º graus do Município do Rio de Janeiro* (Dissertação de Mestrado). Rio de Janeiro: Faculdade de Educação, UFRJ.

Rocha, A. D. C. (1984). *Conselho de classe: Burocratização ou participação*. Rio de Janeiro: Francisco Alves.

Rockwell, E. (1986). Etnografia e teoria na pesquisa educacional. In J. Ezpeleta e E. Rockwell (Orgs.). *Pesquisa participante*. São Paulo: Cortez.

Siches, Recasens (1965). *Tratado de sociologia*. Rio de Janeiro: Globo.

Teixeira, M. C. S. (1990). *Antropologia, cotidiano e educação*. Rio de Janeiro: Imago.

Thiollent, M. (1980). *Crítica metodológica, investigação social e enquete operária*. São Paulo: Polis.

5. PROJETO DE PESQUISA EM PSICOLOGIA SOCIAL

REPRESENTAÇÕES SOCIAIS DO APRENDER

por

Margot Campos Madeira[*]

Projeto De Pesquisa

Maio, 2002

---

[*]Doutorado em Psicologia Social da Educação, Université Paris X - École des Hautes Études em Sciences Sociales (1983)
Pós-Doutorado, Laboraratoire de Psychologie Sociale/École des Hautes Études em Sciences Sociales (1989-1990)
Prof[a] do Programa de Pós-Graduação em Educação/Universidade Católica de Petrópolis,
Prof[a] Visitante, Directeur de Recherche, École des Hautes Études em Sciences Sociales (maio-julho, 2002)

APRESENTAÇÃO

As considerações abaixo têm por objetivo apresentar algumas reflexões que se vêm construindo na prática de elaboração de projetos e de orientação de pós-graduandos. Não se trata de uma formulação teórica no sentido estrito. Pretende, apenas, chamar a atenção para algumas relações necessárias à elaboração de um Projeto.

A grande mensagem que perpassa este texto tem como referente dois posicionamentos complementares: (a) a pesquisa não é um ato isolado mas um processo no qual se engaja o sujeito pesquisador, com sua história, sua cultura, sua formação e suas vinculações a grupos já estabelecidos ou em formação; (b) enquanto processo, a pesquisa é um dinamismo crítico e criativo que articula teorias e o esforço heurístico de compreensão e de explicação de um dado objeto, possível àquele pesquisador em determinado contexto teórico, relacional e simbólico. É, portanto, uma produção de conhecimentos, mesmo quando se trate de uma réplica, pois sempre articulará os contextos que marcam o pesquisador, os que dão forma e sustentam o objeto e os que definem os espaços sociais, simbólicos e relacionais dos sujeitos. Assim sendo, o pesquisador expõe suas opções, engajamentos ou compromissos, no mesmo movimento pelo qual objeto e sujeitos são definidos e encaminhadas as abordagens metodológicas e as análises teóricas.

A justificativa de um projeto de pesquisa não só demonstra a relevância da temática em foco, como procura construir o objeto de pesquisa em articulação com essa temática. Isso supõe que a postura teórica do pesquisador se vá articulando com precisão, consistência e clareza, de modo a permitir a explicitação do problema numa problemática mais ampla. Necessário se faz ter presente que toda a pesquisa é limitada e que nenhum pesquisador esgota a potencialidade de um objeto de investigação, pois este, em sua complexidade, envolve múltiplos níveis e dimensões. Em seu esforço, o pesquisador se aproxima, com maior ou menor pertinência do objeto, das relações que o constituem, da dinâmica que o gera e alimenta, mas isso, necessariamente, se faz nos limites de sua condição de possibilidade.

A justificativa de uma pesquisa não pode ser confundida com o somatório de teorias, de citações ou de referência a autores, por mais atualizados ou em moda que estejam, nem com a descrição ingênua de algo que se quer investigar. Trata-se de articular criticamente os fundamentos das teorias assumidas e suas implicações, no delineamento consistente de um dado objeto de investigação, considerando os limites do pesquisador e da própria pesquisa. Em coerência com essa articulação, definem-se as questões (ou questão) que nortearão a pesquisa e, consequentemente, os objetivos da mesma.

A este conjunto vincula-se diretamente à metodologia. Esta aponta os caminhos através dos quais o pesquisador intenta uma aproximação pertinente do objeto, pela apreensão de indícios ou pistas que atendam, não só às questões formuladas, mas que as enriqueçam com nuanças impensadas nas formulações originais. Logo, não pode ser confundida com a proposição mecânica de um modelo ou de um conjunto de técnicas, quaisquer que sejam. Supõe, necessariamente, uma criação que se enraíza nos pressupostos teóricos que definem o objeto e considera as características do sujeito. Supera-se, deste modo, o modelo mecanicista da dualidade de um "marco" ou "referencial teórico" e de uma "metodologia", como se houvesse uma separação dicotômica entre os dois.

Nessa perspectiva, não é a classicamente chamada metodologia que vai orientar o trabalho da pesquisa, mas a relação intrínseca e inseparável entre a referência teórica e a abordagem metodológica. Esta unidade e integração: (a) aponta para o campo teórico que dá contorno ao objeto da investigação e, a partir deste, explicita os critérios que norteiam a definição dos sujeitos, justificando-os. Não é uma questão de indicar um número, mas de situar e justificar os critérios pelos quais serão definidos os sujeitos da pesquisa, de forma consistente e coerente com a construção teórica pela qual se dá o delineamento do problema, com os objetivos fixados e com a configuração da área da investigação; (b) indica e define as estratégias de investigação, justificando a pertinência de cada uma em relação ao objeto, tal como este é definido teoricamente, aos objetivos e às características dos sujeitos e dos contextos. Estas estratégias poderão comportar graus maiores ou menores de pré-formação, dependendo dos posicionamentos teóricos definidos; (c) de igual modo, indica, define e justifica as estratégias de tratamento do material coletado; (d) em consonância com a postura teórica assumida na definição do objeto, aponta para categorias de análise através das quais o pesquisador abordará, analiticamente, o material tratado. Essas categorias não podem, no entanto, constituir uma armadura rígida pois, considerando a riqueza com que se defronta o pesquisador, em qualquer investigação, sua criatividade, criticidade e consistência teórica podem criar, no próprio processo analítico, outras categorias de análise mais pertinentes e ricas.

Além disso, a relação entre o metodológico – que também é teórico – e o teórico – que também é metodológico –, explicitará os momentos ou etapas da pesquisa, mostrando e justificando a articulação de todo o processo.

A sistemática de escolha e de aplicação de recursos e métodos, meios e instrumentos estará determinada pela orientação teórico-metodológica assumida. Ela é parte operacional da metodologia, mas não é toda a metodologia. Assim, supera-se aquele equívoco pelo qual certos projetos se estruturam em vertentes desconexas, o que faz de tantas dissertações e teses uma malsucedida acoplagem de uma parte dita teórica e de uma metodológica.

REPRESENTAÇÕES SOCIAIS DO APRENDER

Justificativa

O aprender é o caminho pelo qual o indivíduo torna-se homem, continuamente. Nessa perspectiva, caracteriza-se como o movimento da vida. Não é um ato isolado, nem o somatório de momentos, mas um processo sutil que supõe mediações, implica apropriação e trocas que não se fazem sem o outro – singular e plural. É nesta relação, ao mesmo tempo pessoal e social, que a história e a cultura atualizam-se na originalidade de indivíduos e grupos. Aí se integram pensamento e linguagem como mediação necessária ao aprender do homem, texto e contexto de uma cultura. Não é o aspecto formal da linguagem, como manifestação do pensamento, que está sendo enfocado, mas este seu contínuo movimento, sua característica de construir e expressar, em sua complexidade, aquele que está sob seu signo: *"é pela linguagem que o homem nasce para o mundo, ao se apropriar da palavra. A palavra é, pois, a um tempo, expressão e impressão, mostra e marca. Através dela, define-se o espaço social do homem que a profere, no mesmo movimento em que, por ela, ele se diz a si e aos outros — é o acesso ao signo que lhe abre o simbólico."* (MADEIRA, 1998, p.7)

A linguagem está sendo, portanto, considerada aqui como construção social e histórica, ao mesmo tempo que pessoal e profunda, posto que não separada do pensamento. Instaura-se, desenvolve-se e se enriquece na relação com o outro, com os outros, num tempo e num espaço, num hoje que se enraíza num ontem, ao anunciar o amanhã. *"O homem é, por natureza, dialogal."* (HAGÈGE, C., 1985, p.130) É na linguagem que se constrói (e se aprende) a representação da conduta, do gesto, do olhar; que se distinguem bom e mau, certo e errado. É tornando-se palavra, proferida ou silenciada, que todos estes objetos passam a ter um sentido construído pelo sujeito, nas relações com o outro, com os outros, num tempo e num espaço. Nessas relações, não só o homem se descobre, ao descobrir o outro, como, com este, apreende e se apropria de valores, normas, símbolos, significados, que marcam e definem seu espaço nas relações. Torna-os palavra e, assim fazendo, os (re)cria, no movimento mesmo de sua própria nomeação. Como mostra Foucault, a linguagem é o modo pelo qual *"os indivíduos ou os grupos concebem a palavra, utilizam sua forma e seu sentido, compõem discursos reais, neles mostram ou ocultam o que pensam"* (FOUCAULT, M., 1967, p.458).

Tal característica nos torna, a todos, a um tempo aprendizes e ensinantes pois, frente ao outro, reciprocamente, passamos e recebemos o que somos, as representações que temos, sem que disto, na maioria das vezes, nos apercebamos com clareza. Note-se que, seja o que formos, ou as representações que tenhamos, todos os atributos que nos caracterizam constroem-se na história de uma dada formação social, num processo de relações familiares, grupais e intergrupais, que se estende ao longo da vida e, em meio ao qual, afetos, necessidades, valores, normas, imagens, símbolos, demandas e interesses articulam-se em palavra proferida ou silenciada, palavra entendida ou negada. Sob essa ótica, o aprender articula-se à própria condição de homem cujo movimento potencial de educabilidade só encontra termo na morte. Afirma-se, portanto, o aprender como construção social e histórica de saberes, os quais, em sua pluralidade, articulam culturas às dimensões psicossociais daqueles que as fazem e nelas se fazem. A consideração da pluralidade traz consigo a admissão de especificidades de forma, conteúdo, organização e finalidade, definindo códigos e símbolos, cujo domínio permite a acessibilidade e a comunicação.

O aprender não se restringe, portanto, ao espaço escolar. Ele se dá, também nesse espaço (e, em muitas circunstâncias, apesar dele) com uma função social específica. Integra processos complexos que envolvem o homem todo e todo o homem, no concreto de seu viver e de seu fazer: somos todos aprendizes e ensinantes numa interlocução com o outro, presente ou suposto, pela qual, no concreto, saber e fazer integram-se à dinâmica do viver, como apropriação e expressão. A cada momento, no gesto aparentemente banal ou na conduta organizada, nos encontros ou desencontros, vitórias ou fracassos, tanto quanto no que vemos, lemos, ouvimos ou sentimos, vai sendo viabilizado um longo processo educativo, a um tempo pessoal e social, um aprender em aprenderes. Nesse movimento, a partir de informações de diversas ordens e níveis, o sujeito apropria-se do objeto atribuindo-lhe sentido, num processo contínuo e sutil de reconstrução que os faz e refaz, a ambos.

A escola, com o aprender que a especifica, erige-se no concreto das relações sociais, ou seja, no conjunto de outros aprenderes. Estes a circundam e nela circulam, perpassando o que lhes é específico e dando-lhe forma nas interações cotidianas. Nessa perspectiva, vê-se que é inócuo considerar a escola e o aprender de modo idealizado e abstrato, ou ainda criando tipologias, pois ambos se fazem e se refazem na articulação polifórmica e polissêmica de tempos, espaços e relações. Tomá-los, portanto, como pontos discretos, isolados em si próprios, aprisionados em dicotomias que os dilaceram e desfiguram, tornando-os estáticos, é o mesmo que abandonar a condição de possibilidade de compreensão e de explicação das questões que se levantam, reduzindo-as ao aparente ou ao visível-possível, àquele que faz incidir sobre as mesmas o seu olhar. Necessário se faz que se as situem no movimento da vida, que toma forma e se faz corpo no concreto da história social e da história particular dos indivíduos e de seus grupos.

Note-se, que é no dinamismo das relações sociais e históricas que os sujeitos vão definindo valores, normas, símbolos, modelos, etc., caracterizando a adequação de condutas, a atribuição de espaços sociais e sua importância, a delimitação de formas de interação, ao mesmo tempo em que os integra na busca de uma coerente compreensão de mundo e de si mesmos no mundo. É nesse movimento que são construídos, ratificados ou retificados, classificações, hierarquizações, definições e estereótipos. Como construção psicossocial que tem na linguagem seu espaço privilegiado, o aprender vai articulando e expressando, em diferentes níveis, significações construídas nesse processo. É nesse movimento que o indivíduo se faz e se define como indivíduo social e que sua vivência torna-se linguagem.

A consideração das representações sociais vem-se revelando – e as pesquisas recentes o demonstram –, um caminho promissor para a compreensão e a análise de questões relativas ao aprender, assim colocado. Desde a origem, com Moscovici em 1961, esse constructo delimita-se como a síntese possível e sempre provisória, pela qual o sentido de um dado objeto se estrutura. Esta síntese não se opera no vazio; antes, espacializa e temporaliza dimensões e níveis, considerados abstrata ou isoladamente, até então. Pretende-se, ao estudar as representações sociais de um dado objeto, encaminhar uma maior aproximação do processo pelo qual seu sentido torna-se concreto para o homem que, continuamente, o constrói e, nesse mesmo processo, também, se constrói, isto é, adquire sentido, define-se.

A representação social é delineada por Moscovici como *uma modalidade de conhecimento particular que tem por função a elaboração de comportamentos e a comunicação entre indivíduos* (MOSCOVICI, 1978, p.26); seu estudo, portanto, abre a possibilidade da apreensão do sentido que vai sendo socialmente construído e atribuído a objetos do real, sejam eles pessoas, ideias, teorias, acontecimentos, coisas, etc. (JODELET, 1989, p.36) como a síntese possível à complexidade que marca as relações sociais de uma dada totalidade social. Doise afirma que as representações sociais são *princípios geradores de tomadas de posição ligadas a inserções específicas num conjunto de relações sociais e organizam os processos simbólicos que intervêm nestas relações* (DOISE, 1986, p.84). Em outras palavras, questionando a unicidade e a uniformidade com as quais, muitas vezes, se pretende limitar a possível significação que objetos podem assumir, o estudo das representações sociais, ao mesmo tempo, vai-se delineando como um mosaico, seja por não considerar possível a apreensão de uma representação, isolando-a de outras de cuja articulação ela depende, seja por espelhar a diversidade, a pluralidade e a complementaridade que, historicamente, vão caracterizando a totalidade social na qual essas representações se erigem. Jodelet (1989), por seu turno, enfatiza a dimensão relacional intrínseca à representação, colocando-a como um saber organizado, orgânico e dinâmico, pelo qual se torna possível a comunicação e a conduta se torna signo. Essa autora considera as representações sociais como *um saber prático, uma forma de conhecimento, socialmente elaborada e partilhada, tendo uma visão prática e concorrendo para a construção de uma realidade comum a um conjunto social.* (JODELET, 1989, p.37)

O estudo das representações sociais de um dado objeto, portanto, possibilita abeirar-se do processo pelo qual o homem, continuamente, se apropria do mundo, aprende e constrói *o saber do viver* (MADEIRA, 2001) que orientará suas relações, condutas e práticas. Assim sendo, a consideração das representações sociais articula-se à questão do aprender: *Cada indivíduo aprende a ser homem. O que a natureza lhe dá quando nasce não lhe basta para viver em sociedade.* (LEONTIEV, 1978, p.267)

Delimitação do Objeto de Estudo e dos Objetivos

A partir da visão teórico-metodológica enunciada na seção anterior, foi delimitado o problema desta pesquisa: as representações sociais do aprender, em seus processos e mecanismos. Com esse problema objetiva-se, no nível teórico, apreender e analisar o movimento pelo qual os processos mentais superiores tomam forma, atualizando e reconstruindo, dialeticamente, tempos e espaços sociais e simbólicos, na busca de coerência entre informações de diferentes ordens, valores, normas, símbolos e modelos.

Na perspectiva teórica assumida é inócuo considerar as questões do desempenho escolar numa disciplina ou os problemas do processo ensino/aprendizagem, isolando-os de possíveis causas e estabelecendo relações lineares diretas e simples. Nesse movimento restritivo, a causa é atribuída, seja à incompetência ou à inoperância de professores ou do sistema, à incapacidade dos alunos, à desmotivação de ambos, à inadequação do material, ou dos procedimentos didáticos ou, mesmo, à deseducação dos pais, dentre outras. Considere-se, entretanto, que isolar causas cristaliza as relações, reduzindo o potencial de compreensão possível e, mesmo, impedindo eventuais análises em processo. Necessário se faz um estudo que articule as dimensões definidas e outras que se imponham, na tentativa de construir um processo de avaliação integrado, pelo qual possa ser apreendida a dinâmica do sentido do objeto representado em sua organização e nos mecanismos sociais que lhe são subjacentes. Não se trata de descrever uma representação, o que seria insuficiente, mas de captar seus processos de construção e de organização, as articulações que a embasam os valores, modelos e símbolos que a sustentam. Como diz Abric, *"É a organização desse conteúdo que é essencial: duas representações definidas por um mesmo conteúdo podem ser radicalmente diferentes se a organização desse conteúdo e, portanto, a centralidade de certos elementos, for diferente."* (ABRIC, 1994, p.22) As representações serão estudadas, portanto, na perspectiva processual (JODELET, 1989; BANCHS, 2000), de modo que possam ser caracterizadas em suas articulações a outros polos igualmente significantes que venham a ser apreendidos nas análises.

Dessa forma, pretende-se apreender e analisar o processo de construção, ratificação ou retificação das representações sociais do aprender para alunos de escolas do Ensino Fundamental, seus professores e pais. Assim, se delimita mais ainda o objeto da investigação. O aprender tem como referência valores, símbolos e modelos, a um tempo, culturalmente arraigados e questionados. Não se limita à escola, embora esta se caracterize, na sociedade, como o espaço de um aprender socialmente valorizado. Cumpre, portanto, analisar o processo de construção do sentido desse objeto polissêmico, em suas nuances. Que interações (condutas e comunicações) suscita na prática cotidiana da escola e no fazer pedagógico? Como, e em que níveis, esses últimos ratificam ou retificam processos e mecanismos de atribuição de sentidos a esse objeto, já construídos pela criança num processo de socialização que envolve a mediação de outros, seja na família, seja em seus espaços relacionais?

Ao mesmo tempo, o aprender na escola caracteriza-se como uma novidade valorizada socialmente, um objeto de divulgação e de propaganda na mídia, um símbolo que marca e distingue. Que sentidos assume e que implicações tem esse objeto, com tudo o que se lhe associa no contexto atual para o processo pedagógico? Como, e em que níveis, esses sentidos integram-se ao cotidiano da escola e do fazer docente? Como, através deles ou em seu entorno, ratificam-se ou retificam-se a construção de espaços sociais e pessoais, a imagem de si e dos outros, daqueles que fazem a escola e, em particular, dos alunos?

Chega-se, assim, ao conjunto de questões que regem este Projeto:
- Como se configura, no espaço escolar e fora dele, o aprender?
- Que especificidades, proximidades e diferenças caracterizam os processos e mecanismos que articulam as representações sociais do aprender?
- Que informações, valores, símbolos, modelos e estereótipos vão sendo polarizados e por quê?
- Como se organizam essas representações?
- Como se expressam nas comunicações e condutas cotidianas, dentro e fora da escola?
- A partir dessas análises, que inferências podem ser formuladas no que concerne ao espaço psicossocial do aprender, da escola e das relações que aí se estabelecem?

A apreensão e a análise das representações sociais do aprender, das especificidades que as definem e dos processos e mecanismos subjacentes a sua construção e organização, possibilitarão uma aproximação mais profunda e articulada do sentido do aprender, na dinâmica social e histórica que se atualiza no espaço escolar.

A finalidade deste Projeto de Pesquisa não é, portanto, descrever as representações sociais de um objeto mas detectar e analisar os diversos níveis e formas de organização dessas representações e as dimensões que mobilizam, tendo em vista as características identitárias dos diversos atores, bem como as especificidades de suas inserções na totalidade social mais ampla e na totalidade que é a escola. Não é uma faceta isolada do processo ensino/aprendizagem que será objeto de atenção, mas a prática e as relações que, através do mesmo, forjam (ratificando ou retificando) o sentido de objetos sociais e dos sujeitos que o circunscrevem.

Metodologia

As opções metodológicas que norteiam este projeto de pesquisa definem-se a partir das premissas básicas da teoria das representações sociais. Por se constituírem como um saber prático ou uma teoria do senso comum, as representações são estruturadas considerando o sujeito como totalidade, isto é, envolvendo-o todo, nas condições concretas nas quais vive e interage. Disso resulta que o sentido de um dado objeto vai ser apreendido em suas relações com outros objetos, jamais no isolamento. *"A representação social traz em si a estória e a história. Nas variâncias de sua estruturação estão as particularidades de cada sujeito e, em suas invariâncias, as marcas do sentido atribuído, por determinado segmento ou, até por sua totalidade, a um objeto"* (MADEIRA, 1990, p.16). Necessário se faz, no caso deste projeto de pesquisa, situar e construir um dinamismo de aproximação do intrincado processo relacional que constrói e alimenta o sentido do aprender, no espaço simbólico e social e, especificamente, no campo da escola.

Define-se, portanto, a linguagem, em suas diferentes roupagens, como o espaço privilegiado deste estudo: seja a linguagem do cotidiano, a linguagem do gesto ou do silêncio, a linguagem das condutas, seja a linguagem das relações e das reações que marcam o processo pedagógico-didático. Todas são linguagens pelas quais o sujeito diferencia, soma, multiplica ou divide, ao ordenar, classificar, construir lógicas, apropriar-se de signos e se definir neste processo. Todas são linguagens que constroem e portam mensagens, identificando e revertendo emissores e receptores, vez que estruturadas nas relações com o outro e estruturantes do eu e do outro. Desta definição, decorre considerar-se a observação sistemática associada a Diário de Campo e a realização de entrevistas conversacionais livres, introduzidas por frase ou conjunto gerador (MAISONNEUVE et DUCLOT, 1966), como as estratégias básicas deste Projeto. Em torno do objeto delimitado e atendendo às especificidades que o caracterizam no espaço social e escolar e às especificidades dos próprios sujeitos, estas estratégias serão recriadas de forma a permitir uma construção discursiva que articule tempos, espaços e relações nos discursos que se tecem.

O processo de observação terá por objetivos a apreensão da dinâmica da escola e das salas de aulas, as relações que caracterizam os espaços formais e informais, as interações que os indivíduos e grupos estabelecem no cotidiano da escola (TURA, 2000). É evidente que a observação, enquanto processo, pressupõe a negociação da presença de pesquisadores e a gradual instauração de relações entre estes e seus parceiros. A análise periódica do Diário de Campo, por sua vez, permitirá apreender, tanto formas de abordagem para a construção de outras estratégias, quanto captar pistas a serem aprofundadas através destas últimas.

As entrevistas conversacionais livres introduzidas por frase ou conjunto gerador objetivam aprofundar e esclarecer pontos levantados pela análise do Diário de Campo. Sua realização exige um clima de relação e de confiança que permita a expressão livre dos sujeitos. Nessa perspectiva, o processo de observação não só permitirá o levantamento de aspectos a serem aprofundados, como a descoberta de formas introdutórias pertinentes aos grupos considerados – alunos, professores e pais – de modo a ensejar a construção de um processo de palavra amplo no qual o objeto se vá configurando em suas articulações. As entrevistas serão gravadas, com a concordância do entrevistado, posteriormente transcritas e analisadas como enunciação, ou seja, os discursos serão considerados como processo nos quais se operam transformações (D'UNRUG, 1971; DANON BOILEAU, 1987). Tal opção implica que cada entrevista seja analisada em profundidade, considerando-se as sequências e seus elementos articuladores, as características de estilo e as figuras atípicas. Em seguida, proceder-se-á a uma análise comparativa de todas as entrevistas, buscando-se apreender as possíveis variâncias e invariâncias e estabelecer caminhos para sua compreensão e explicação à luz das análises do material do Diário de Campo, dos diferentes contextos psicossociais implicados e dos aportes teóricos que se imponham.

A definição do campo desta pesquisa far-se-á através de um estudo exploratório preliminar, pelo qual se objetiva chegar a quatro escolas representativas dos limites superior e inferior do *continuum* definido pelos seguintes critérios: condições de infraestrutura física e de organização pedagógica da escola e origem social predominante da clientela atendida. A adoção desses critérios prende-se ao pressuposto de que exercem um papel no processo de atribuição de sentido ao aprender. Intenta-se, através dessa estratégia, caracterizar os sujeitos da pesquisa, assumindo a complexidade do objeto, em termos das informações, símbolos, modelos e valores que os polarizam e sedimentam-se nas relações sociais concretas.

Nas escolas escolhidas, serão considerados, em particular, os alunos de 8ª série do ensino fundamental, seus professores e pais. A escolha dessa série justifica-se pela proximidade com o término de um nível de escolaridade. A partir desta delimitação, ainda que a observação abranja toda a escola, os pesquisadores deter-se-ão, em particular, na dinâmica dessa série. No caso das entrevistas, em cada escola serão considerados todos os professores vinculados às turmas de 8ª série e dez estudantes. O critério de escolha dos estudantes serão os indícios que os marcam, entre os colegas e professores, colhidos no processo de observação, caracterizando-os como os melhores (5) e piores (5) alunos. Os pais desses alunos também serão entrevistados.

A pesquisa compreenderá quatro etapas interligadas:
1) estudo exploratório preliminar para definição das escolas;
2) processo de observação nas escolas escolhidas, focalizando, de modo particular, as turmas de 8ª série;
3) entrevistas conversacionais livres com professores, alunos e pais;
4) tratamento e análise do material, quer em sua especificidade, quer no conjunto.

Cronograma

Atividade \ Meses	01	02	03	04	05	06	07	08	09	10	11	12	13	14	15
1 – Estudo Diagnóstico Preliminar para a definição das escolas, campo de pesquisa	X	X													
2 – Definição das escolas para o trabalho de campo e negociação da entrada das pesquisadoras	X	X													
3 – Revisão e estudo da literatura atinente ao campo de estudo e ao objeto definido, através de reuniões semanais	X	X	X	X	X	X	X	X	X	X	X	X	X	X	
4 – Processo de observação/Diário de Campo				X	X	X	X	X	X	X					
5 – Tratamento e análise do material do Diário de Campo					X	X	X	X	X	X	X	X			
6 – Construção e testagem das estratégias de apoio para as entrevistas				X	X										
7 – Aplicação das entrevistas com alunos, professores e pais					X	X	X	X	X						
8 – Transcrição das entrevistas					X	X	X	X	X						
9 – Análise das entrevistas						X	X	X							
10 – Análise comparativa do material coletado em entrevistas e nas observações								X	X	X					
11 – Construção de interpretações em articulação ao contexto sócio-histórico										X	X	X			
12 – Comparação entre as variâncias e invariâncias dos processos e mecanismos que articulam as representações do objeto para construção de inferências											X	X	X	X	X
13 – Elaboração do Relatório Final do Projeto														X	X

BIBLIOGRAFIA

ABRIC, J.C. Méthodologie de recueil des représentations sociales. In: ____. (org.) *Pratiques sociales et représentation*. Paris: PUF, 1994. p.59-82.

BAKHTIN, M. *Marxismo e Filosofia da Linguagem*. São Paulo: Hucitec, 1979.

BANCHS, M. A. Aprocimaciones processuales y estructurales al estudio de las representaciones sociales. *Papers on social representations*, v. 9, p.3.1-3.15, 2000.

BARDIN, L. *Análise de conteúdo*. Lisboa: Edições 70, 1979.

BAUER, M.; GASKEL, G. *Qualitative researching with text, image and sound. A Pratical Handbook*. London: Sage Publications, 2000, 374p.

BOGDAN, R.; BIKLEN, S. *Investigação Qualitativa em Educação. Uma introdução à Teoria e aos Métodos*. Tradutores: Maria José Alvarez, Sara Bahia dos Santos e Telmo Mourinho Baptista. Porto: Porto Editora, 1994. 335p.

DANON BOILEAU, L. *Le sujet de l'énonciation. Psychanalyse et linguistique*. Paris: OPHRYS. 1987.

DENZIN, N. K.; LINCOLN, Y. S. (Ed.) *Handbook of qualitative research*. 2. ed. California: Sage, 2000. 1065p.

DOISE, W. et al. Représentations sociales sans consensus. In: ____. (org.) *Représentations sociales et analyses de données*. Grenoble: Presse Universitaires de Grenoble, 1992. p.10-9

____. *Levels of explanation in social psychology*. Cambridge: Cambridge University Press. 1986.

____. Les représentations sociales. In: GIGLIONE, R. BONNET, C. & RICHARD, J. F. (eds). *Traité de psychologie cognitive,* Vol.II. Paris: Dunod, 1990.

FARR, R.M. Representações sociais: a teoria e sua história. In: GUARESCHI, P. e JOVCHELOVITCH, S. *Textos em representações sociais.* 2. ed. Petrópolis: Vozes, 1995. p.31-57.

____. "Les représentations sociales: théorie et ses critiques." Bulletin de Psychologie, 45 (405), 1992.

____. Theory and method in the study os social representations. In: BREAKWELL, G. M. & CANTER, D. V. (eds) *Empirical approches to social representations.* Oxford: Clarenton Press, 1993.

FOUCAULT, M. *As palavras e as coisas.* Lisboa: Portugalia, 1967.

GEERTZ, C. *A interpretação das culturas.* Rio de Janeiro: Zahar Editores, 1978.

GIBELLO, B. Fantasma, linguagem, natureza: três tipos de realidades. In: ANZIEU, D. et alii. *Psicanálise e Linguagem: do corpo à palavra.* Lisboa: Moraes Editores, 1979.

GUARESCHI, P.A. "Sem dinheiro não há salvação": ancorando o bem e o mal entre pentecostais. In: GUARESCHI, P.A. e JOVCHELOVITCH, S. (org.) *Textos em representações sociais.* 2. ed. Petrópolis: Vozes, 1995. p.191-225.

GUIRADO, M., *Psicanálise e Análise do Discurso.* São Paulo: Summus Editorial, 1995.

HAGEGÉ, C. *L'homme de parole. Contribuitions linguistique aux sciences humaines.* Paris: Fayard, 1985.

HERLICH, C. La represéntation sociale. In: MOSCOVICI, S. *Introduction à la Psychologie Sociale 1.* Paris: Larrousse, 1972.

JODELET, D. Représentation sociale: phénomènes, concept et théorie. In: MOSCOVICI, S. (Org.) *Psycologie sociale.* Paris: PUF, 1984. p.357-78.

____. (ed) *Les représentations sociales*. Paris: PUF, 1989.

____. Représentations sociales: un domaine en expansion. In: JODELET, D. (ed) *Les représentations sociales*. Paris: PUF, 1989. p.31-61.

____. *Folies et représentations sociales*. Paris: PUF, 1989b.

LEONTIEV, A. *O desenvolvimento do psiquismo*. Lisboa: Livros Horizonte, 1978.

LESSAD-HEBERT, M.; GOYETTE, G.; BOUTIN, G. *La recherche qualitative. Fondements et Pratiques*. 2a. ed. Montreal: Éditions Nouvelles, 1996.124p.

MADEIRA, M. C. Prefácio. In: GOMES, G. *A experiência do vazio*. Recife: FUNDAJ / Editora Massangana, 1990. p.13-17.

____. Representações sociais: pressupostos e implicações. *R. Bras. Est. Pedag.* Brasília, v.72, n.171, p.129-44, maio/ago. 1991.

____. Um aprender do viver: educação e representação social. In: OLIVEIRA, D. C. E MOREIRA, A. P. *Estudos Interdisciplinares de Representação Social*. Goiânia: AB Editora. 1998, p.239-250.

____. Representações sociais e Educação: importância teórico-metodológica de uma relação. In: MOREIRA, A. S. P. *Representações Sociais: Teoria e prática*. João Pessoa: Editora Universitária/Autor Associado, 2001. p.123-144.

MADEIRA, M. e JODELET (orgs.). *AIDS e Representações Sociais: a busca de sentidos*. Natal: EDUFRN. 1998.

MADEIRA, M. C. e CARVALHO, M. R. de F. (orgs.) *Educação e Representações Sociais*. Natal: EDUFRN. 1997.

MAISONNEUVE, J. MARGOT-DUCLOT, J. Méthodes et techniques en psychologie sociale. *Bulletin de Psychologie*, v.19, n.251, p.1269-1280, maio 1966.

____. *Introduction à la Psychosociologie*. Paris: PUF, 1973.

MOSCOVICI, S. *A representação social da psicanálise*. Rio de Janeiro: Zahar Editores, 1978.

____. The coming era of representations. In: CODOL, J-P. & LEYENS, J-P. (eds) *Cognitive analysis of social behavior*. Martinus Nijhoff, 1982.

____. Des représentations collectives aux représentations sociales. In: JODELET, D. (ed) *Les représentations sociales*. Paris: PUF, 1989.

OLIVEIRA, D. C. e MOREIRA, A. S. P. (Org.) *Estudos interdisciplinares de representação social*. Goiânia: AB Editora, 1998. p.191-203.

SÁ, C. P. Representações sociais: o conceito e o estado atual da teoria. In: SPINK, M. J. (org.) *O conhecimento do cotidiano: as representações sociais na perspectiva da psicologia social*. São Paulo: Brasiliense, 1993. p.19-45.

SPINK, M. J. (org.) *O conhecimento do cotidiano: as representações sociais na perspectiva da psicologia social*. São Paulo: Brasiliense, 1993. p.266-79.

TURA, M. L. R. *O olhar que não quer ver: histórias da escola*. Petrópolis: Vozes, 2000.

6. PROJETO DE PESQUISA EM MEDICINA

HEPATITES VIRAIS: ALFABETO SUBMERSO

por

Rosangela Gaze[*]

Projeto de Dissertação Apresentado
ao Núcleo de Estudos de Saúde Coletiva
Centro de Ciências da Saúde
Universidade Federal do Rio de Janeiro

Orientadora: Dra. Diana Maul de Carvalho[**]

Agosto de 1998

[*]Mestre em Saúde Coletiva, Pesquisadora do Núcleo de Estudos de Saúde Coletiva, UFRJ, Médica da Secretaria de Estado de Saúde do Rio de Janeiro e do Ministério da Saúde.
[**]Doutora em Saúde Pública, Profª Adjunta do Dpto. de Medicina Preventiva da Faculdade de Medicina e Núcleo de Estudos de Saúde Coletiva, UFRJ.

ÍNDICE

CAPÍTULO	Página
I. O PROBLEMA DAS HEPATITES VIRAIS	1
Objetivo e Justificativa	
II. METODOLOGIA	4
Modelo do Estudo	
População e Amostra	
Seleção dos Marcadores Virais	
Coleta do Material	
Laboratório de Referência	
Criação de Banco de Dados e Análise dos Resultados	
Aspectos Éticos	
CRONOGRAMA	9
ORÇAMENTO	10
BIBLIOGRAFIA	11

CAPÍTULO I

O PROBLEMA DAS HEPATITES VIRAIS

Segundo o CDC (1996), as hepatites virais são o maior problema de saúde pública nos EUA, com um custo estimado de assistência médica de centenas de milhões de dólares anuais. O Centro Nacional de Epidemiologia (MS, 1996) afirma que *"são um grave problema de saúde pública em nosso meio."*

LEMON (1990) informa que, em 1990, foram notificados ao CDC 31441 casos de hepatite A e comenta: *"These cases undoubtedly represent only the tip of a much larger iceberg, and most are never seen by the liver specialist."*[1] Sobre a transmissibilidade do VHA, lembra a excepcional estabilidade dessa partícula que contribui para a difusão de epidemias. Reportando-se à alta carga dessa doença, cita o custo indireto do tempo de afastamento do trabalho.

No Brasil, assim como no Peru (KILPATRICK et al., 1986), as crianças assintomáticas podem desempenhar importante papel na transmissão a suscetíveis oriundos, muitas vezes, de outras regiões ou países. Viajantes para áreas pouco desenvolvidas, com saneamento básico inadequado, são considerados alvos de vacinação contra a hepatite A (LEMON, 1992).

Igualmente, países em transição de saúde tiveram aumento substancial de carga da doença (LEMON, 1992), com a mudança da idade média de incidência: dos muito jovens (geralmente assintomáticos) para os mais velhos (com maior sintomatologia). Um deslocamento artificial de faixa etária também pode ocorrer com baixas coberturas vacinais.

Só o monitoramento da tendência da prevalência do VHA permitirá identificar áreas de risco, subsidiar estratégias de vacinação de suscetíveis, migrantes e viajantes e avaliar impactos de intervenções sobre seus determinantes, tais como o saneamento.

Quanto ao VHB, o alto custo e a baixa eficácia da terapêutica de pacientes crônicos, aliados ao fato de 6% da população mundial ser portadora desse vírus – permanentes reservatórios de transmissão da infecção –, justificam o in-

---

[1] Estes casos indubitavelmente representam apenas a ponta de um enorme iceberg, e muitos não serão jamais vistos por um hepatologista (p. 1194).

vestimento em pesquisas que possam contribuir para o melhor entendimento da distribuição contemporânea dessa pandemia (WHO, 1996).

Dando um enfoque prospectivo à epidemiologia, investir na interrupção da cadeia de transmissão da hepatite B, hoje, é contribuir para evitar o aumento projetado da carga da doença para o ano 2020, quando a cirrose e o câncer de fígado poderão ascender, respectivamente, da 13ª e 21ª para a 12ª e 13ª posições na ordenação de causas de morte (MURRAY & LOPEZ, 1996).

Entretanto, não se pode negar que, mesmo reconhecendo a gravidade e magnitude destas endemias, estudá-las é um desafio pelas dificuldades relativas à elevada frequência de infecções inaparentes que demandam estudos sorológicos de alto custo.

Objetivo e Justificativa

As informações da vigilância epidemiológica são insuficientes para subsidiar o monitoramento dessas infecções, sendo necessários estudos suplementares.

Tradicionalmente, nesses casos, os inquéritos populacionais de soroprevalência costumam ser utilizados, apesar de seu alto custo operacional. Além dessa limitação, esses modelos refletem situações particulares de grupamentos populacionais em relação ao tempo, dificultando a comparação com outros estudos e a análise da tendência secular dos eventos enfocados (ANDRADE et al., 1989).

Em vista da problemática exposta, o objetivo geral deste estudo piloto é testar a hipótese de que a pesquisa de soroprevalência de VHA e VHB, no excedente de amostras de sangue colhidas para rotina laboratorial, seja um método válido para estimar a tendência dessas infecções nas populações em que esse método foi utilizado. Além disso, pretende-se verificar se há diferenças entre os valores da soroprevalência de VHA e VHB em grupos socioeconomicamente distintos, na medida em que serão utilizados laboratórios particulares e públicos, no pressuposto de que os primeiros atendam a grupos de poder aquisitivo superior aos segundos (ABUZWAIDA et al., 1987; OSELKA & KISS, 1978; PANNUTI et al., 1985; PASSOS et al., 1993; SCHENZLE et al., 1979; STURM, 1990; SZMUNESS et al., 1977).

Com a metodologia proposta, de menor custo operacional que os inquéritos, poder-se-á complementar as informações da vigilância epidemiológica, compreender a dinâmica da distribuição contemporânea das hepatites A e B no RJ, promover a sensibilização política e a mobilização de financiamentos e subsidiar o gerenciamento de programas de prevenção, no sentido de otimizar a aplicação de recursos.

CAPÍTULO II

METODOLOGIA

Modelo do Estudo

O modelo epidemiológico utilizado será o seccional, para estimar as soroprevalências das infecções por VHA e VHB nos excedentes de amostras de sangue coletadas em cada laboratório selecionado.

População e Amostra

A população envolverá os pacientes ambulatoriais que demandam os laboratórios de análises clínicas para a realização de exames de sangue de rotina, laboratórios estes situados no Município do Rio de Janeiro. O interesse reside em conhecer o perfil soroepidemiológico das infecções por VHA e VHB, em população aparentemente não portadora de hepatite. Portanto, não serão incluídas, para exame, amostras de sangue de indivíduos, cujos motivos de solicitação médica de exame estejam entre um ou mais dos seguintes: hepatite, cirrose, neoplasia hepática, hepatopatia, icterícia ou outra denominação referente a doença hepática.

A amostra será calculada com o auxílio do programa EPIINFO, versão 6.03, opção STATCALC, para estudos populacionais, pelo método de Kish (1965). A amostra deste primeiro estágio do estudo, definida pelo limite de processamento dos testes no laboratório de referência, foi fixada em 300. Para o estudo em si, tomando-se uma população de 212 478 habitantes e a soroprevalência de 1,5% para o HBsAg, encontrou-se uma amostra de 13 301, com 95% de intervalo de confiança e erro de 13%. Esse número poderá ser reduzido, mantendo-se sua representatividade, com estratificações por faixa etária e por marcador viral.

Seleção dos Marcadores Virais

Para estimar a prevalência das infecções por VHA e por VHB, esta pesquisa seguirá a indicação de diversos estudos (ANDRADE et al., 1989; KASHIWAGI

et al., 1983; SZMUNESS et al., 1977) que demonstraram a validade da utilização dos seguintes marcadores sorológicos para detectar:
- infecção passada pelo VHA → Anti-HAV Total;
- infecção pelo VHB → Anti-HBc Total e Anti-HBs;
- portadores do VHB → HbsAg.

A pesquisa de Anti-HAV Total será realizada apenas nas amostras de indivíduos acima de 1 ano de idade, visto que, até essa idade, anticorpos maternos contra o VHA ainda podem estar presentes.

Coleta do Material

A metodologia para a coleta de sangue será a anônima não relacionada, utilizando-se o excedente de sangue colhido na rotina laboratorial, após serem retirados os rótulos de identificação do paciente. Os microtubos – dois para cada amostra – utilizados serão identificados apenas com data de nascimento ou idade, sexo e bairro de moradia do paciente.

O maior número possível de amostras não hemolisadas e anictéricas de pacientes que cumpram os critérios de inclusão será aproveitado a cada dia, na dependência da demanda diária do laboratório a ser selecionado, devendo a média estar situada em torno de 15 para cada serviço por dia ou 30 amostras diárias. Com o auxílio de 4 alunos do Programa de Iniciação Científica (PINC), divididos em dois grupos, será possível finalizar a coleta das 300 amostras em 10 dias.

O sorteio de pacientes que cumpram os critérios de inclusão somente será realizado se a demanda laboratorial for em número suficiente para não retardar o trabalho de campo. Essa opção pressupõe que, com a metodologia proposta, a aleatoriedade em relação ao evento investigado estará presente na própria demanda espontânea.

O horário de início das atividades diárias durante o trabalho de campo coincidirá, desde que haja concordância do responsável técnico, com o início da rotina matutina de cada laboratório.

As amostras serão transportadas em microtubos acondicionados em isopor com frasco congelante, diariamente, para o Núcleo de Estudos de Saúde Coletiva e armazenadas em "freezer". Ao atingir o quantitativo de 300, serão remanejadas para o laboratório de referência. As duplicatas permanecerão no congelador para controle da qualidade, dissolução de dúvidas de resultados e realização de estudos futuros.

Durante a execução dessas atividades, um "diário de campo" com as observações sobre ocorrências relevantes e problemas enfrentados será sistematicamente preenchido. Essas anotações serão aproveitadas no processo de análise dos resultados.

Os trabalhadores de campo serão treinados e receberão orientação específica quanto à importância do anonimato dos pacientes, postura profissional, mínima perturbação da rotina e não revelação dos nomes dos serviços colaboradores. Um manual de operações será elaborado, contendo os procedimentos necessários à adequada seleção e garantia de sigilo sobre a população, biossegurança, e transporte e manutenção das amostras de sangue em condições satisfatórias para a realização dos exames.

Laboratório de Referência

O Laboratório Central Noel Nutels (LCNN) realizará a pesquisa dos marcadores sorológicos pelo método Enzyme-Linked Immunosorbent Assay (ELISA).[2]

Embora existam métodos de maior sensibilidade para a pesquisa destes marcadores, o ELISA é de uso difundido em inquéritos de soroprevalência e considerado como padrão para avaliar a sensibilidade e especificidade de outros métodos (SOUTO et al., 1995).

Diversos fabricantes, referindo bibliografia variada, informam as seguintes sensibilidades e especificidades, respectivamente:

Anti-HAV Total: 99.8-100% e 100%;

HBsAg: 100% e 99.7-99.9%;

Anti-HBc total: detecção de até 1U/ml PEI[2] e maior que 99%;

Anti-HBs: detecção de até 3mIU/ml e maior que 99%.

Criação de Banco de Dados e Análise dos Resultados

Um banco informatizado no "software" EPIINFO versão 6.03 será criado com os dados das amostras coletadas e resultados sorológicos.

---

[2]Padrão de Referência de "Paul Ehrlich Institut".

Serão efetuados estudos descritivos de caracterização e comparação das amostras e soroprevalências de cada laboratório, acrescidos de análises estatísticas e testes de significância necessários ao teste da hipótese.

Análise comparativa dos resultados de soroprevalência de outras pesquisas será efetuada para avaliar a consistência dos encontrados neste estudo.

Aspectos Éticos

Conforme referido em itens anteriores, estudos sentinelas para monitorar a tendência da infecção pelo HIV vêm sendo realizados nos EUA desde 1987. Na revisão bibliográfica (ALARY et al., 1992; PAPPAIOANOU et al., 1990; SHERLOCK et al., 1995) acerca de procedimentos éticos, verificou-se que a metodologia preferencial em estudos sentinela é a **anônima não vinculada**,[3] na qual não existe interação pesquisador-população.

SHERLOCK et al. (1995) não fazem referência à obtenção de concordância formal do paciente, enquanto ALARY et al. (1992) utilizaram estratégia de sensibilização prévia da clientela. Ambos obtiveram aprovação de comissões de ética.

PAPPAIOANOU et al. (1990), citando um Regulamento do Código Federal Americano (1988), colocam: *"Because there is neither interaction with nor risk to persons, informed consent is not required ..."*.[4] Completam, referindo HULL (1988): *".... avoiding any impact of self-selection bias."*[5]

O Conselho Federal de Medicina (CFM, 1996), respondendo à consulta do Conselho Regional de Medicina de São Paulo (CREMESP) acerca desse assunto, concluiu: *"a realização de exames sorológicos com finalidade de inquérito epidemiológico (...) coordenado por instituições oficiais não fere os artigos do CFM, desde que se utilize o método anônimo não relacionado."* Acrescenta, ainda, que *"... além dos inquestionáveis benefícios do ponto de vista da saúde pública, com o respaldo, inclusive, da Organização Mundial da Saúde, garante integralmente a privacidade do indivíduo, haja vista que o exame não é identificado."*

No presente projeto, que utiliza a mesma metodologia de coleta, com semelhante finalidade, apesar de os eventos investigados não coincidirem, essas normas éticas também são válidas.

Embora as hepatites virais aparentemente não falem ao imaginário coletivo com a intensidade da AIDS, suscitando medo e discriminação, outros fatores relativos ao discutido até aqui podem ocasionar problemas para o

---

[3] *Anonymous unlinked study.*
[4] Como não há nenhuma interação e nenhum risco para as pessoas, o consentimento formal não é requerido... p. 115.
[5] ...evitando viés de autosseleção... p. 115.

desenvolvimento deste estudo. A exigência de consentimento formal dos pacientes acarretará sobrecarga aos profissionais dos serviços e retardamento da rotina. No público, isto poderá gerar resistência em colaborar; no privado, a resistência poderá contar com o apoio do proprietário e originar ruptura na colaboração. Acrescente-se a isso, a possível desconfiança que poderá ser gerada em pacientes que, ao colherem sangue para exames de rotina em outras ocasiões, nunca se haviam questionado sobre a possibilidade da sobra de amostra ser utilizada para outros fins. Esta dúvida induzida poderá originar outra. Sendo a AIDS, atualmente, o evento mais frequentemente veiculado como tendo a necessidade de exame de sangue ELISA para diagnóstico, a analogia será quase inevitável. Mesmo que um tempo considerável seja despendido para esclarecer esse ponto, algum viés de autosseleção poderá ser introduzido.

Atendendo às exigências da Resolução 196/96 (BRASIL, 1996), esta pesquisa será submetida ao Comitê de Ética em Pesquisa do Núcleo de Estudos de Saúde Coletiva da Universidade Federal do Rio de Janeiro.

Anexo 10 – Projeto de Pesquisa em Medicina

CRONOGRAMA

ATIVIDADE	MÊS/ANO
Escolha do assunto	out./97
Revisão bibliográfica inicial	out.-nov./97
Elaboração do projeto	dez./97
Aperfeiçoamento do projeto	jan./98
Elaboração do manual de campo	fev./98
Apresentação à Comissão de Ética	1ª quinz. mar./98
Contatos institucionais p/trab. campo	2ª quinz. mar./98
Exame de qualificação	abr./98
Trabalho de campo	maio/98
Realização dos exames laboratoriais	jun.-jul./98
Criação e alimentação de banco de dados	ago./98
Análise dos dados	set.-nov./98
Revisão bibliográfica complementar	dez./98 e jan./99
Redação da 1ª versão da dissertação	fev.-abr./99
Entrega para banca prévia	maio/99
Ajuste definitivo	jun./99
Entrega da versão final da dissertação	jun./99
Defesa	jul./99

ORÇAMENTO

INSUMO	ESPECIF.	QUANT.	VALOR UNIT. (R$)	VALOR TOTAL (R$)
Sorol. Anti-HAV Total	kit c/ 100 testes	03	2000,00	6000,00
Sorol. HBsAg*	kit c/ 100 testes	03	1400,00	4200,00
Sorol. Anti-HBs*	kit c/ 100 testes	03	1600,00	4800,00
Sorol. Anti-HBc Total*	kit c/ 100 testes	03	2000,00	6000,00
Isopor 12 L (30x20x20cm)	unid.	03	10,00	30,00
Fr. c/ líq. congel.	unid.	02	5,00	10,00
Microtubos	cx. com 1000 nid.	01	60,00	60,00
Luvas	cx. c/ 50 pares	02	10,00	20,00
Fita-crepe	unid.	05	5,00	25,00
Etiq. autoadesivas	conj. c/ 800 unid.	01	5,00	5,00
Cart. pt-br p/ Impres.	unid.	02	60,00	120,00
Cart. color. p/ Impres.	unid.	02	60,00	120,00
Form. contínuo	cx. c/1000 form.	01	20,00	20,00
Papel formato A4	resma	03	8,00	24,00
Disquete 3 1/2	cx. com 10 unid.	03	10,00	30,00
Xerox	cópia	1500	0,10	150,00
Rev. Bibliog. Internet	hora	50	4,50	225,00
Auxílio alimen./transp.	unid.	40	10,00	400,00
Bolsistas de campo (PINC)				
TOTAL	—	—	7.267,60	22.239,00

*BORGES, 1995.

BIBLIOGRAFIA

ABUZWAIDA, A.R.N.; SIDONI, M.; YOSHIDA, C.F.T.; SCHATZMAYR, H.G. Seroepidemiology of hepatitis A and B in two urban communities of Rio de Janeiro, Brazil. **Rev. Inst. Med. Trop. São Paulo.** São Paulo. 29: 219-223, 1987.

ALARY, M.; JOLY, JR.; PARENT, R.; FAUVEL, M.; DIONNE, M. Sentinel hospital surveillance of HIV infection in Quebec. **Can Med Assoc J.** Otawa. 151(7): 975-81. Oct. 1, 1994.

ANDRADE, A.L.S.S.; MARTELLI, C.M.T.; PINHEIRO, E.D.; SANTANA, C.L.; BORGES, F.P.; ZICKER, F. Rastreamento sorológico para doenças infecciosas em banco de sangue como indicador de morbidade populacional. **Revista de Saúde Pública.** São Paulo. 23(1):20-5, 1989.

BORGES, D.R. Considerações numéricas sobre os resumos submetidos ao XIII Congresso Brasileiro de Hepatologia. **GED.** São Paulo. 14(4): XIV. Jul./ago., 1995.

BRASIL. CNS – Conselho Nacional de Saúde. Resolução nº 196 de 10 de outubro de 1996. "Aprova diretrizes e normas regulamentadoras de pesquisas envolvendo seres humanos." [Mimeo].

CDC – Centers for Disease Control and Prevention. **Viral Hepatitis Surveillance Program, 1993.** Report n. 56. Atlanta. In: http://www.cdc.gov/ncidod/diseases/hepatitis/h96surve.htm. Apr.,1996.

CFM – Conselho Federal de Medicina. Processo-Consulta CFM nº 2947/95. Projeto Vigilância Sentinela de HIV. Brasília. 1996.

EPIINFO – Epi Info 6/ Version 6.03. **A Word Processing, Database and Statistics Program for Public Health.** Atlanta – Genebra. CDC – WHO. jan., 1996.

KASHIWAGI, S.; HAYASHI, J.; IKEMATSU, H.; KUSABA, T.; SHINGU, T.; HAYASHIDA, K.; KAJI, M. Prevalence of antibody to hepatitis A virus in Okinawa, Japan. **American Journal of Epidemiology.** Baltimore. 117(1): 55-59, 1983.

KILPATRICK, M.E.; ESCAMILLA, J. Hepatitis A in Peru: The role of children. **American Journal of Epidemiology.** Baltimore. 124(1): 111-3, 1986.

KISH, L. **Survey Sampling.** John Wiley & Sons, New York. 1965.

LEMON, S.M. Inactivated hepatitis A virus vaccines [editorial]. **Hepatology.** Philadelfia. 15(6): MARES, A.; HADLER, S.C.; MAYNARD, J. F. The effect of underreporting on the apparent incidence and epidemiology of acute viral hepatitis. **American Journal of Epidemiology.** Baltimore. United States. 125:1339. 1987.

MARTELLI, C.M.T.; ANDRADE, A.L.S.S.; CARDOSO, D.D.P.; ALMEIDA E SILVA, S.; ZICKER, F. Considerações Metodológicas na Interpretação do Rastreamento Sorológico da Hepatite B em Doadores de Sangue. **Revista de Saúde Pública.** São Paulo. 25(1):11-6, 1991.

MS. Ministério da Saúde. Fundação Nacional de Saúde/CENEPI. **Boletim Epidemiológico.** Brasília. Ano I (10), Out./96. "folder".

MS. Ministério da Saúde. DATASUS – Informações de Saúde: População residente estimada pelo IBGE. In: http:// www.datasus.gov.br/ cgi/ deftohtm.exe? ibge/ popbr.def. dez., 1997.

MURRAY, C.J.L.; LOPEZ, A.D. Estimating causes of death: new methods and global and regional applications for 1990. In: MURRAY, C.J.L.; LOPEZ, A.D. **The Global Burden of Disease: A comprehensive assessment of mortality and disability from diseases, injuries, and risk factors in 1990 and project to 2020.** WHO. Harvard School of Public Health. World Bank. Boston. 1996. Vol. 1.

OSELKA, G.W.; KISS, M.H.B. Estudos sobre a prevalência do antígeno da hepatite B (AgHBs) em crianças, em São Paulo. **Rev. Hosp. Clín. Fac. Med. Univ. S. Paulo.** São Paulo. 33:149-57, 1978.

PANNUTI, C.S.; MENDONÇA, J.S.; CARVALHO, M.J.M.; OSELKA, G.W.; AMATO NETO, V. Hepatitis A antibodies in two socioeconomically distinct populations of São Paulo, Brazil. **Rev. Inst. Med. Trop. São Paulo.** São Paulo. 27(3): 162-164, 1985.

PAPPAIOANOU, M.; DONDERO, T.J.JR; PETERSEN, L.R.; ONORATO, I.M.; SANCHEZ, C.D.; CURRAN, J.W. The family of HIV seroprevalence surveys: objectives, methods, and uses of sentinel surveillance for HIV in the United States. **Public Health Rep.** Washington. 105(2): 113-9. Mar-Apr, 1990. p.115.

PASSOS, A.D.C.; GOMES, U.A.; FIGUEIREDO, J.F.C.; NASCIMENTO, M.M.P.; OLIVEIRA, J.M.; GASPAR, A.M.C.; YOSHIDA, C.F.T. Influência da migração na prevalência de marcadores sorológicos de hepatite B em comunidade rural. 1 – Análise da prevalência segundo local de nascimento. **Rev. Saúde Pública.** São Paulo. 27(1): 30-5, 1993.

SCHENZLE, D.; DIETZ, K. & FROSNER, G.G. Antibody against Hepatitis A in Seven European Countries: II – Statistical Analysis of Cross-Sectional Surveys. **American Journal of Epidemiology.** Baltimore. 110(1):70-6, 1979.

SHERLOCK, C.H.; STRATHDEE, S.A.; LE, T.; SUTHERLAND, D.; O'SHAUGHNESSY, M.V.; SCHECHTER, M.T. Use of pooling and outpatient laboratory specimens in an anonymous seroprevalence survey of HIV infection in British Columbia, Canada. **AIDS.** Philadelfia. 9(8): 945-50. Aug., 1995.

SOUTO, F.J.D.; FONTES, C.J.F.; OLIVEIRA, J.M.; GASPAR, A.M.C.; LYRA, L.G.C. Confiabilidade de teste ELISA de produção nacional para a pesquisa do anticorpo contra o antígeno central da Hepatite B (anti-HBc). **GED.** São Paulo. 14(4): 137. Jul./ago., 1995.

STURM, J.A. Estudo de um surto de hepatite A ocorrido em população socioeconômica favorecida em bairro de cidade do Rio de Janeiro. **Rev. Bras. Pat. Clín.** São Paulo. 26(2): 43-57, 1990.

SZMUNESS, W; DIENSTAG, J.L.; PURCELL, R.H.; HARLEY, E.J.; STEVENS, C.E.; WONG, D.C.;IKRAM, H.; BARSHANY, S.; BEASLEY, R.P.; DESMYTER, J.; GAON, J.A. The Prevalence of Antibody to Hepatitis A Antigen in Various Parts of the World: a pilot study. **American Journal of Epidemiology.** Baltimore. 106 (5):392-398, 1977.

WHO – WORLD HEALTH ORGANIZATION. **Expanded Programme on Immunization: Hepatites B vaccine – making global progress.** Geneva, oct./96 [folder]

7. PROJETO DE PESQUISA EM ANTROPOLOGIA

PERSPECTIVAS E DILEMAS DA "AÇÃO AFIRMATIVA":
AS ESTRATÉGIAS DE COMBATE À DISCRIMINAÇÃO RACIAL
NO CONTEXTO DA EDUCAÇÃO UNIVERSITÁRIA
NO RIO DE JANEIRO

por

Marcia Contins [*]

Pós-Graduação em Ciências Sociais
UERJ

Coordenação Interdisciplinar de Estudos Culturais
CIEC/UFRJ

Projeto Apresentado ao Programa de Pró-Ciência da FAPERJ

Maio, 2002

---

[*] Dra. em Antropologia
Professora Adjunta do Instituto de Filosofia e Ciências Humanas/UERJ
Pesquisadora Associada do CIEC/UFRJ

1. Introdução

A discussão sobre a necessidade, justiça e validade de políticas de ação afirmativa, em especial as voltadas para os grupos raciais discriminados, vem ocupando um lugar cada vez mais central no debate sobre os caminhos de um projeto modernizador e democrático para o Brasil. Aproximadamente com trinta anos de atraso em relação às primeiras iniciativas de ação afirmativa nos Estados Unidos, onde, aliás, a pertinência da continuidade de seus programas está sendo seriamente questionada, esta discussão pode ser vista como um dos resultados do chamado "ressurgimento do movimento negro no Brasil", que se verifica a partir da década de 1970.

A partir de então, as organizações que discutem a questão racial desenvolveram um trabalho significativo pondo em perspectiva as desigualdades entre brancos e negros. Apesar das diversas tentativas de conscientização da sociedade para este problema, no entanto, propostas mais eficazes que atendessem à população negra se apresentaram, na maioria das vezes, de forma tímida e desarticulada e sua implantação, frequentemente, não se efetivou. Assim, o movimento negro chega à década de 1990 buscando reformular sua prática.

Setores desses movimentos concluem que é necessário garantir a realização de políticas públicas, governamentais ou não, que atendam à população negra. Posições contra e a favor da ação afirmativa, nas suas diversas modalidades – política de quotas, ação compensatória e outras estratégias visando favorecer maior acesso dos grupos discriminados à educação e ao mercado de trabalho –, integram uma discussão atual e revitalizada no centro dos movimentos negros. Tais debates levam em conta a conjuntura nacional e internacional, a situação da população negra brasileira, os mecanismos de discriminação e a política da "democracia racial" para avaliar a eficácia da ação afirmativa como instrumento de debate à discriminação.

Surgem, no Brasil, iniciativas não governamentais que reivindicam para seus projetos o caráter de "ação afirmativa". Fazem suas experiências e forçam um debate. Verifica-se, ainda, a existência de número razoável de projetos de lei de explícita inspiração antidiscriminatória. Nesse sentido, faz-se obrigatória a menção aos textos incluídos nos volumes intitulados "Combate ao Racismo", de 1983/84, coletânea organizada pelo então deputado federal Abdias do Nascimento. Nesses tomos, além de inúmeros projetos referentes à punição da discriminação racial e à alteração de currículos, incluem-se várias formulações jurídicas explicitamente ligadas à "ação afirmativa". Dessas, podemos citar a proposição de reserva de mercado de trabalho (40% do total) para negros; a oferta de bolsas de estudos universitários para negros; e a instituição de meios concretos que garantissem o ingresso de negros no Instituto Rio Branco. Cabe ainda a referência à discussão acerca de um projeto de lei, na órbita da Assembleia Legislativa do Estado do Rio de Janeiro, assinado por Carlos Minc (1993). Esse pré-projeto dispunha sobre a instituição de quota mínima (primeiro de 10%, depois de 20%) para setores "etnorraciais socialmente discriminados em instituições de ensino superior, negros e índios". O texto relativo a essa iniciativa circulou por várias instâncias do movimento negro, gerando debates e posturas tanto favoráveis como desfavoráveis. Constatam-se, também, tentativas similares que foram encaminhadas por Benedita da Silva e por Florestan Fernandes.

Paralelamente às iniciativas experimentais, temos, no Rio de Janeiro, em primeiro lugar, os cursos de pré-vestibular oferecidos a "negros e carentes". Esta constitui, provavelmente, a ação que atinge imediatamente um maior número de não brancos. Isso porque a legislação mencionada não consegue aprovação e porque as demais experiências ou movimentos por nós levantados em uma primeira sondagem lidam diretamente com um público beneficiado inferior ao atendido pelos cursos. Há, atualmente, várias unidades de ensino no território do Estado do Rio de Janeiro, além de em outras unidades da federação, nas quais o pré-vestibular é mantido: São João de Meriti, Gamboa, Nilópolis etc. Em São João de Meriti, o curso foi iniciado em 1993 (em 1994 o curso já contava com 718 alunos inscritos) e, assim como em outros núcleos, a responsabilidade da iniciativa foi das comunidades locais e respectivas "pastorais do negro". As aulas costumam acontecer aos sábados, durante todo o dia, e a participação dos professores é voluntária, sem remuneração. Os alunos, por sua vez, pagam taxa de inscrição de 1% do salário mínimo (R$1,12 nos valores de hoje) e 5% do mesmo salário como mensalidade (negociável). Um dos principais mentores e executores desse projeto, Frei David, considera o seu trabalho uma expressão de "ação afirmativa" fazendo-nos inserir esse movimento no rol de nossos interesses. Ademais, é relevante assinalar que novos grupos estão surgindo em decorrência do ingresso de ex-alunos nas universidades, os quais, como na PUC, continuam a manter uma dinâmica enquanto grupo. Há ainda o estímulo a um compromisso de retorno aos cursos, por parte dos que garantem uma vaga no terceiro grau, e que retornam ao pré-vestibular como professores.

Outra experiência digna de nota é a do CEM (Centro de Estudos e Assessoramento de Empreendedores), seção do Instituto Palmares de Direitos Humanos (IPDH). O CEM tem como objetivo manifesto, entre outros, o de constituir "órgão representativo do segmento empresarial e empreendedor da comunidade afro-brasileira" (segundo seus panfletos de divulgação). O CEM presta ainda serviços de consultoria, treinamento e capacitação, além de assessoria, promoção e divulgação de produtos, estabelecimentos etc. Essa associação mantém ainda um periódico, a *Folha do Comércio e da Indústria Afro-brasileira*, que funciona como instrumento de divulgação do CEM e cuja tiragem mensal é de mil exemplares.

Em 1996, o governo federal tornou pública a sua intenção de implementar políticas efetivas de ação afirmativa através de um programa (Programa Nacional de Direitos Humanos) tendo, inclusive, convidado alguns cientistas sociais que se dedicam ao estudo da sociedade nacional brasileira para participar da discussão do projeto.

2. Justificativa

Esta proposta surgiu a partir de alguns dos resultados do projeto "Movimentos negros no Rio de Janeiro e a questão do Estado", realizado entre 1994 e 1995, no qual foram coletados depoimentos dos principais líderes, homens e mulheres, dessas entidades no Rio de Janeiro. Entre outras questões relevantes relativas à história e à atuação dos movimentos negros nessa cidade, o debate em torno da validade e pertinência de políticas de ação afirmativa surgiu como ponto crucial para a definição das suas perspectivas de desenvolvimento de estratégias antidiscriminatórias. É o tom de forte controvérsia desse debate que aponta para a necessidade de uma investigação mais aprofundada do tema. Segundo alguns dirigentes de movimentos negros no Rio de Janeiro, são bastante polêmicos os problemas suscitados pelas propostas e práticas de "ação afirmativa" e de "sistema de quotas". De modo geral, o debate centra-se na afirmativa de que esses sistemas antidiscriminatórios apenas criariam uma "elite de negros" e não resolveriam o problema do racismo de maneira eficaz. O principal alvo das críticas é a "política de quotas". Para esses críticos, a maioria da população negra não seria atingida por essas medidas, já que elas não acabam com o racismo. Além disso, poucos negros conseguiriam atingir cargos de poder, e a visão dos negros com relação aos brancos continuaria sendo a de que eles detêm todos os poderes na sociedade.

Outras posições em relação à criação de ações antidiscriminatórias afirmam que "criar uma secretaria especial para afro-brasileiros, separada das outras, a isola e, assim, as outras secretarias ficariam desobrigadas de enfrentar o debate. Neste sentido, tudo que acontece com o negro joga-se lá (na secretaria do negro) e formam-se assim 'guetos', onde os assuntos da população negra devem ser resolvidos". Segundo esses depoimentos, a questão do negro tem que ser assumida pelo governo democrático como um todo, e não somente dentro de uma só secretaria. Os problemas dos negros no Brasil devem ser resolvidos com o Estado e não fora dele. De acordo com esse ponto de vista, a "assistência compensatória" deve atuar primordialmente na educação, que é onde ela atinge o maior número de pessoas. Outro entrevistado chama a atenção, também, para o fato de que as chamadas "secretarias de negros" devem estar formulando políticas para as prefeituras de modo geral e não cuidando dos assuntos de negros e brancos separadamente.

Apesar das críticas bastante severas à política antidiscriminatória, esses debates sugerem a possibilidade de diálogo entre os integrantes do movimento negro, o Estado e outras entidades representativas da sociedade. Segundo um dos líderes do movimento negro, "... há uma discussão hoje, inclusive da CUT, dos partidos políticos, que é a questão da 'quota'. As mulheres, hoje, estão com a 'quota'. Agora... resolve? É como a discussão da 'ação afirmativa'. Até onde esse tipo de ação beneficia alguém? Ela beneficia diretamente a quem e o quê? Elas podem até criar um *apartheid*. A 'quota' e a 'ação afirmativa' impõem-se em países do hemisfério Sul, mas apenas tapam o sol com a peneira, porque as questões de fundo, as mais importantes, não são tocadas".

Outro depoimento analisa mais detalhadamente essas questões e diz que essas ações são importantes na medida em que falam da questão racial: "Mas nós chegamos a um acordo; pode não ser um caminho que o movimento negro vai trilhar sempre, mas taticamente coloca a questão racial na berlinda. Obriga a elite, obriga os poderes constituídos a se mexerem porque eles perderiam privilégios, e teriam que assumir o racismo." Nesse sentido, é importante, para esse ponto de vista, que haja leis de "quota". Mas este não é o mesmo caminho de luta que o movimento negro deve assumir no seu dia a dia. Os negros que seriam favorecidos por essas leis não necessariamente apoiariam ou estariam ligados ao movimento negro. Segundo um dos entrevistados, "... a história inclusive aponta para o contrário, ou seja, negros que batalharam com muito mais dificuldade, conquistaram um espaço na universidade, trabalhando e estudando muito, muitas vezes não ficam ligados ao movimento negro. E mais ainda, no caso daqueles que são apoiados por leis ou por 'ações afirmativas', podem muito bem se distanciar da luta contra o racismo".

  O debate em torno dessas questões no Rio de Janeiro sugere comparações sobre a validade dessas ações nos Estados Unidos e no Brasil. Tais comparações chamam a atenção, desde logo, não só para o atraso das tentativas de implementação de políticas de ação afirmativa no Brasil, mas também para o fato de que, aqui, ao contrário de nos Estados Unidos, as propostas já surgem como objeto de sérias controvérsias. A questão de fundo diz respeito à dúvida sobre se políticas do tipo ação afirmativa são compatíveis com a tradição cultural brasileira.

  Uma primeira hipótese que explicaria a dificuldade para a efetivação do princípio da ação afirmativa para grupos raciais no Brasil residiria no fato de, contrariamente à experiência dos Estados Unidos, não haver existido na história recente do país uma prática legal de discriminação racial. Pode-se dizer que, praticamente desde 1888, a lei não distingue brancos de negros. Essa situação é bastante diferente do caso americano, onde a abolição da escravatura (1863) não significou o fim de um sistema jurídico de segregação racial, o qual somente será derrubado na década de 1960. A constatação da inexistência de prescrição legal não implica, obviamente, ausência de conflito racial e mesmo de discriminação de fato. No entanto, uma vez que o Estado não a sanciona, fica bem mais difícil a cobrança de responsabilidade ao mesmo. Como agravante, temos que a ideologia oficial vende a imagem da prevalência, entre nós, de uma harmonia racial. Trata-se da conhecida, e já um pouco gasta, embora ainda eficaz, "democracia racial brasileira".[1] Por outro lado, em conversas informais com defensores da "ação afirmativa", há mesmo quem admita que uma grande vitória já estaria firmada na simples aceitação, pelo Estado, do princípio da legitimidade de ações compensatórias frente à discriminação efetiva sofrida por não brancos na sociedade brasileira. Independentemente de resultados imediatos, argumentam, esse aspecto isolado já significaria uma reviravolta em um longo padrão histórico.

  Segundo um dos depoimentos, a "... 'ação afirmativa' nos Estados Unidos é legítima, porque os negros norte-americanos são uma minoria racial

---

[1] Para uma exposição e análise dos mecanismos da produção das discriminações e desigualdades raciais no Brasil e para um resumo e apreciação das consequências da ampla aceitação da ideologia da democracia racial, ver Hasembalg, C.A. (1979); para uma interpretação antropológica dessa ideologia, ver DaMatta (1979).

(em termos numéricos), em relação à população em geral. É legítima também porque a 'ação afirmativa' foi uma conquista que veio logo após grande movimento social. Aí, nesse caso, o poder foi obrigado a formular leis". Segundo esse ponto de vista, essa "lei de quota" não é uma conquista do movimento negro brasileiro; ela seria apenas uma forma de "ceder espaço". No caso americano, "a maioria dos negros sabe que houve grandes confrontos entre eles e os brancos, que vários afro-americanos morreram por causa disso. Mas no caso brasileiro, a população de negros não conhece sua própria história de luta e uma lei como esta viria, em muitos casos, de graça". Outro entrevistado afirma que "... os próprios afro-americanos têm críticas a fazer sobre a política de 'ação afirmativa', no entanto esta ajudou os negros como um todo naquele país, e no Brasil ela também pode ser útil em termos de compensação". "Ação compensatória" visa, segundo esse ponto de vista, reparar "a discriminação historicamente sofrida pelos negros no Brasil. A 'ação afirmativa' não estaria diretamente ligada à discriminação sofrida pelos negros hoje, e uma 'ação antidiscriminatória' serviria para compensar a discriminação do passado." Como ponto de partida sobre a viabilidade ou não da 'ação afirmativa' e sobre o 'sistema de quota' para a população de negros no Brasil, podemos sugerir, a partir desses debates, que essas ações não sejam tratadas como algo diante do qual alguém possa simplesmente se posicionar a favor ou contra. Deve-se, antes, tentar perceber quais os seus efeitos e principalmente quais seriam os efeitos da sua ausência. As próprias posições descritas acima propõem que, se houver ações antidiscriminatórias e estas não derem certo, existiria sempre a possibilidade de discutir os motivos de tal fracasso; mas o inverso não seria possível, e o risco, então, muito maior.

  Por outro lado, essa controvérsia aponta para a necessidade de se discutir o próprio conteúdo da noção de ação afirmativa e o fato de que não se pode entendê-la em geral mas, sempre, de forma contextualizada. Se a importância de se colocar em foco e trazer à luz a discriminação parece ser uma unanimidade e as estratégias para erradicá-la são objeto de discórdia, é porque uma política de ação afirmativa segundo o critério de raça, no Brasil, exige uma reflexão séria e franca sobre as classificações de cor em nosso país e todas as suas implicações para a sociedade como um todo e, principalmente, para os grupos discriminados. Que efeitos colaterais, em outras esferas da vida social, o "assumir a cor" pode acarretar em um contexto notadamente hierárquico e atravessado por preconceitos, mesmo que em troca de uma possibilidade de mobilidade social e acesso a mais recursos materiais?

6

A pergunta sobre que estratégias serão mais ou menos eficazes não pode obter respostas senão a partir de análises localizadas que levem em conta as relações sociais e valores culturais de cada sociedade e de cada grupo em determinado momento histórico. A própria noção de ação afirmativa, portanto, talvez não devesse ser definida em termos descritivos, em torno da modalidade de suas práticas. Pelo contrário, talvez uma melhor maneira de pensar a questão seja indagando-se sobre que tipo de ações são mais eficazes, em um dado contexto, na medida em que promovam melhores condições de acesso à cidadania, aos recursos econômicos, políticos, sociais e culturais.

São essas as preocupações centrais que fundamentam os objetivos deste projeto.

3. Proposta e objetivos

Uma abordagem mais densa e aprofundada dos caminhos eficazes para políticas antidiscriminatórias no Brasil exige, primeiramente, uma análise avaliativa das experiências já tentadas e em andamento no país, implementadas por instituições de natureza distinta, como o Estado, os movimentos sociais, as organizações não governamentais, setores da Igreja católica e da iniciativa privada.

Uma comparação com experiências de outros contextos, primordialmente os Estados Unidos, onde se origina a ideia de ação afirmativa e cujo exemplo tem sido o modelo predominante para o Brasil, é também indispensável.

Esta proposta visa a um levantamento parcial de informação em nível nacional, a levantamentos de bibliografia específica sobre o tema no Brasil e no exterior, e ao acompanhamento de algumas iniciativas paradigmáticas de ação afirmativa no Rio de Janeiro, no sentido de contribuir para a definição de estratégias de políticas públicas antidiscriminatórias pertinentes ao nosso contexto social, econômico e cultural.

3.1. Objetivos

3.1.1. Realizar estudo de caso com estudantes de universidades públicas e privadas, que foram alunos beneficiados por uma experiência de ação afirmativa no Rio de Janeiro, que, até o presente momento, vem atingindo o maior contingente de população de não brancos: os cursos de pré-vestibular para "negros e carentes", organizados por Frei David. A escolha desse caso se justifica, dentro dos propósitos deste projeto, por constituir uma modalidade de ação afirmativa que, além de não se enquadrar na política de quotas, atende a uma população por critérios raciais e socioeconômicos. Como resultado desse estudo de caso poderemos conhecer o contexto onde existem grandes possibilidades de formação de lideranças negras, fora dos movimentos negros.

3.1.2. Buscar uma conceituação mais abrangente e contextualizada do conceito de ação afirmativa, passível de incluir, além das políticas de cotas, outras medidas, como as voltadas para a promoção de maior igualdade de oportunidades prévias ao processo competitivo (tal como as iniciativas educacionais para populações desfavorecidas).

3.1.3. Analisar e avaliar os resultados de algumas iniciativas e experiências, governamentais e não governamentais, como mecanismos de combate à discriminação racial no Brasil, no sentido de propor caminhos estratégicos para a definição de políticas de ação afirmativa pertinentes ao contexto nacional.

3.1.4. Levantar informações sobre experiências de políticas antidiscriminatórias implementadas no Brasil, a partir das iniciativas de diferentes instituições como o Estado – os movimentos sociais, as organizações não governamentais, a Igreja, os sindicatos, as universidades e as empresas privadas. A partir do levantamento, poder-se-á, além de suprir uma carência de informação sistemática e organizada sobre o tema, traçar um perfil do tipo de questões privilegiadas por essas várias instituições, bem como das estratégias por elas propostas para resolvê-las.

3.1.5. Levantar informação sobre os movimentos de ação afirmativa para negros e mulheres nos Estados Unidos, visando um posterior estudo comparativo.

3.1.6. Realizar workshops periódicos, com a equipe de pesquisa e seus consultores, para discussão de questões teórico-metodológicas.

4. Metodologia

Focalizaremos inicialmente o grupo de estudantes universitários que passou pelo pré-vestibular para "negros e carentes" e que conseguiu ingressar em universidades particulares ou públicas. Para isto, estaremos trabalhando com o método de pesquisa quantitativa, por meio de um questionário fechado, onde estaremos privilegiando algumas informações gerais.

Fazendo uso do método antropológico, entrevistaremos uma subamostra desses estudantes universitários, em busca de suas histórias de vida, passagem pelos pré-vestibulares para "negros e carentes", inserção em movimentos negros e outros movimentos sociais, observando, principalmente, o dia a dia deles dentro das universidades e suas relações com os demais estudantes.

5. Prazo de realização

A proposta está prevista para ser realizada em 18 meses, a partir da data de sua aprovação pela agência financiadora.

REFERÊNCIAS BIBLIOGRÁFICAS

DaMatta, R. (1979). *Carnavais malandros e heróis: Para uma sociologia do dilema brasileiro.* Rio de Janeiro: Zahar.

Hasenbalg, C. A. (1979). *Discriminação e desigualdades sociais no Brasil.* Rio de Janeiro: Graal.

8. MONOGRAFIA DE BACHARELADO EM ECONOMIA

UNIVERSIDADE CÂNDIDO MENDES
FACULDADE DE CIÊNCIAS ECONÔMICAS DO RIO DE JANEIRO
NÚCLEO DE ORIENTAÇÃO DE TRABALHO MONOGRÁFICO
CURSO DE ECONOMIA

MERCOSUL VERSUS ALCA: CONTROVÉRSIAS PARA
A ECONOMIA BRASILEIRA[*]

por

CLÁUDIO RAMOS DE MAGALHÃES GOMES[**]

ORIENTADORA: PROFESSORA ROSALINDA PIMENTEL[***]

novembro, 1998

---
[*]Versão resumida
[**]Bacharel em Economia
[***]Doutora em Ciências Político-Econômicas, UFRJ
Profª da Universidade Cândido Mendes

ÍNDICE

Capítulo   Página

1. INTRODUÇÃO 1

2. O MERCOSUL 2

3. ALCA: NEGOCIAÇÕES PREPARATÓRIAS
   À SUA CRIAÇÃO 5

4. CONSIDERAÇÕES FINAIS 9

REFERÊNCIAS BIBLIOGRÁFICAS 10

1. INTRODUÇÃO

A globalização é uma realidade que se associa cada vez mais à facilidade de comunicação, de transmissão de conhecimentos, de transmissão de informações e à mobilidade internacional de capitais. Trata-se de um dos mais comentados e discutidos temas na atualidade, sendo genericamente aplicado a diferentes esferas da atividade humana, o que, de certo modo, pode contribuir para relativo descrédito de sua essência.

A abertura do mercado brasileiro, com todas as suas marchas e contramarchas, já dura oito anos, e, apesar de não ter atingido plenamente seus objetivos, parece ser definitiva e indutora de expressivas mudanças no mercado brasileiro ao longo das últimas duas décadas. De acordo com Grieco (1994),

> Terminada a Segunda Guerra Mundial, os EUA tomaram a dianteira para efetivar a estruturação de novo sistema global capaz de regular a economia e as finanças (FMI e BIRD) e de assegurar as bases definidas de funcionamento do comércio mundial (...). Com o Império Britânico em vias de esfacelamento e a Europa dividida, os EUA assumiram a liderança da implementação das normas estabelecidas em Bretton Woods e, desde então, após alguns sobressaltos (...) assumindo papel capital na economia mundial de nossos dias (p. 39).

Em 1974, foi criado o General Agreement on Tariffs and Trade (GATT), que entrou em vigor no ano seguinte. As normas estabelecidas pelo GATT aceitam a integração regional como válida e favorável à liberação e à expansão do comércio mundial, quer como uniões aduaneiras, quer como zonas de livre intercâmbio, devendo, contudo, aceitar normas para reduções tarifárias e a eliminação de barreiras não tarifárias nas práticas do comércio intrazonal nos novos blocos.

A reorganização política mundial, acelerada após o término da Guerra Fria, favoreceu a emergência de blocos econômicos em diferentes regiões do planeta: União Europeia, NAFTA e Bacia do Pacífico. Nesse contexto, surgiu o Mercado Comum do Sul – MERCOSUL –, que integra economicamente, num momento especial, o Brasil, a Argentina, o Paraguai, e o Uruguai, propiciando a esses países a realização de acordos de livre-comércio com o Chile, Bolívia e Países Andinos desde 1995.

Ao final de 1994, na Reunião de Cúpula das Américas, realizada em Miami, os EUA propuseram um projeto de integração hemisférica do continente americano, que seria denominado Área de Livre Comércio das Américas – ALCA – um grande mercado comum, sem barreiras, que abarcaria todo o continente americano no ano de 2005. Dessa negociação participaram os países do continente americano, à exceção de Cuba.

Em face da problemática representada pela globalização da economia, com a consequente participação do Brasil no MERCOSUL, e a proposta da ALCA, esta monografia pretende responder à seguinte questão: Quais as principais vantagens e desvantagens para economia e mercado brasileiros de participar nessas duas alianças estratégicas internacionais – MERCOSUL e ALCA?

O segundo capítulo desta monografia discorreu sobre as origens e a evolução do MERCOSUL, e o terceiro, sobre o processo que vem sendo desenvolvido para a criação da ALCA. O quarto foi dedicado à análise das possíveis vantagens e desvantagens dessas alianças – MERCOSUL e ALCA – para o Brasil.

2. O MERCOSUL

O Mercado Comum do Sul – MERCOSUL, criado pelo Tratado de Assunção, assinado em 23 de março de 1991, entrou formalmente em vigor em 29 de novembro de 1991. De acordo com Goyos Jr. (1996), os objetivos do Tratado eram: (1) livre circulação de capital, mercadorias, serviços e pessoas; (2) criação de uma tarifa externa comum de comércio e o estabelecimento de uma política externa de comércio; e (3) coordenação de políticas macroeconômicas. Para que tais objetivos fossem atingidos, foram criados os seguintes instrumentos: (1) um programa de liberalização gradual do comércio, com o propósito de eliminar todas as barreiras até o primeiro dia de janeiro de 1995; (2) um programa de ajuste da legislação interna de forma a possibilitar uma competição igualitária; (3) um sistema para definição das regras de origem; (4) um mecanismo para resolução de disputas e controvérsias; e (5) cláusulas transitórias de salvaguarda.

O MERCOSUL favorece a inserção, com maior potencial competitivo, das economias argentina, brasileira, paraguaia e uruguaia no mercado internacional, uma vez que seus países-membros apresentam um quadro marcado por crise da dívida externa; formação de grandes blocos econômicos; e drástica redução da importância estratégica da América Latina no contexto de interesse mundial, como resultante do término da Guerra Fria.

Visando à necessidade de adaptação da estrutura institucional do MERCOSUL às transformações que ocorrerão, bem como à implementação da união aduaneira, em 17/12/1991, em Ouro Preto, Brasil, os Estados membros assinaram o PROTOCOLO ADICIONAL AO TRATADO DE ASSUNÇÃO SOBRE A ESTRUTURA INSTITUCIONAL DO MERCOSUL, denominado, também, PROTOCOLO DE OURO PRETO, que se incorporou ao Tratado Original de Assunção, dando-lhe uma configuração definitiva.

Segundo Figueiras (1996),

> Do ponto de vista institucional e político, o MERCOSUL aproxima-se muito mais do modelo europeu (CEE), ou seja, mais de tendência comunitária, do que o do norte-americano (NAFTA), totalmente livre-cambista. O próprio calendário inicialmente previsto denota grande semelhança de resultados com a fixação de objetivos do Tratado CEE, o mesmo podendo ser dito em relação ao período de transição, permitindo a adaptação gradual das economias nacionais do Mercado Comum. Todavia, diferentemente do instrumento institucional que criou o Mercado Comum Europeu, o Tratado de Assunção não comporta nenhum procedimento do tipo comunitário, pois não prevê órgãos supranacionais. (p. 19)

Outros autores vêm criticando a estrutura organizacional do MERCOSUL, composta pelo Conselho de Mercado Comum e pelo Grupo de Mercado Comum, pelo fato de não existir uma autoridade supranacional que possa tomar decisões mais rápidas. Goyos (1996), no entanto, acha natural a relutância na criação de novos órgãos burocráticos, dada a má conotação de burocracia vivida pelos países-membros do MERCOSUL. O Tratado de Assunção instituiu mecanismo para resolução de disputas, o qual foi aperfeiçoado pelo Protocolo de Brasília, assinado em dezembro de 1991. Esse Protocolo estabelece os seguintes procedimentos: (1) negociações diretas; (2) conciliação; e (3) arbitragem. Esses três recursos encontram-se à disposição tanto dos Estados membros quanto das partes privadas, no que se refere ao acesso aos mercados e à competição justa. As negociações diretas, segundo Goyos (1996), "podem ser livremente propostas pelos Estados membros e não podem ultrapassar 15 dias, a não ser que as partes envolvidas conjuntamente decidam estender tal período" (p. 100). Quanto ao recurso da conciliação, "irá existir quando as negociações diretas tiverem fracassado e qualquer Estado membro apresentar sua reclamação contra outro para o Grupo Mercado Comum" (p.100), havendo um prazo máximo de 30 dias para concluir os procedimentos. "A arbitragem pode ser iniciada com uma comunicação ao secretariado do Grupo Mercado Comum. Um painel de arbitragem será formado e deve comunicar sua decisão em um período máximo de 90 dias." (p. 100)

O principal problema do sistema de arbitragem no MERCOSUL é que ele não é capaz de garantir às partes privadas a possibilidade de contestar, quer seus próprios governos, quer outros governos, sem a concordância destes, no que se refere às questões do Tratado de Assunção. Quanto a tal aspecto, é absolutamente inaceitável que os signatários sejam restringidos sem motivos de meios disponíveis, privando as partes de clamar seus possíveis direitos.

Embora o Tratado de Assunção se enquadre claramente como um tratado de integração econômica, vale observar que o MERCOSUL não se esgota num projeto econômico, pois foi concebido tendo em vista a necessidade de uma "maior justiça social, procurando o mais eficaz aproveitamento dos recursos disponíveis, a preservação do meio ambiente e o melhoramento das interconexões físicas". (Figueiras, 1996, p. 21)

Parece que o maior empecilho para implementar de forma mais completa o mercado comum está representado pela falta de livre fluxo de capitais. No caso específico do MERCOSUL, o livre fluxo não se realiza em virtude da ausência de estabilização da economia brasileira.[1] Entretanto, uma conquista importante do IV Encontro do Conselho Mercado Comum, ocorrido em Buenos Aires, nos dias 4 e 5 de agosto de 1994, foi a criação da Tarifa Externa Comum (TEC) para os países do MERCOSUL, aplicada a partir de 1995.

Cada Estado membro tem uma lista de exceção de 300 itens que incluem produtos nas áreas de informática, bens de capital e telecomunicações. Os bens de capital da TEC terão uma redução linear e automática até alcançar o nível de 14% em 1º de janeiro de 2001. Os das áreas de informática e telecomunicações terão redução semelhante, até chegarem a 16%, em 1º de janeiro de 2006.

4

---

[1] A partir de 1995, o Brasil vem apresentando razoável estabilidade e baixo nível de inflação, situação que, mantida, poderá facilitar esse livre fluxo de capitais.

A consolidação das propostas do MERCOSUL representaria apenas o primeiro passo para uma integração mais ampla. Gradualmente, é de se esperar que tanto o Brasil quanto os demais Estados membros venham a se inserir na economia internacional.

A associação do Chile e da Bolívia ao MERCOSUL favorece o surgimento de uma nova dimensão ao bloco original: "a situação do Brasil em relação aos demais países do bloco é a de um 'gigante' econômico (dadas as suas dimensões de produção, população e área), porém também a de um 'anão' social, por ter os piores indicadores de qualidade de vida entre os quatro países" (Rodrigues, 1996, p. 266).

3. ALCA: NEGOCIAÇÕES PREPARATÓRIAS À SUA CRIAÇÃO

Na Reunião de Cúpula das Américas, realizada em Miami, Flórida, em 10 de dezembro de 1994, emergiu a ideia de um projeto ambicioso de integração hemisférica do continente americano, que foi denominada Área de Livre Comércio das Américas (ALCA). Participaram das negociações 34 países que se estendem do Alasca à Patagônia, à exceção de Cuba.

Esse projeto se originou da iniciativa para as Américas lançada pelo presidente George Bush, em junho de 1990, muito mais como uma agenda de intenções do que de ações efetivas; a maioria delas a ser implementada sob a forma de arranjos bilaterais visando ao aprofundamento das relações entre os EUA e os países latinos.

Segundo Iglesias (s/d),

A Cúpula foi importante não só por ter sido a primeira reunião hemisférica de chefes de Estado desde a reunião realizada em 1967, em Punta del Leste, para avaliar a Aliança para o Progresso, mas também porque ocorreu num contexto sem precedentes de um processo acentuado de convergência hemisférica de políticas nacionais, especialmente no que se refere à importância da democracia, promoção do setor privado e mercados abertos, bem como ao papel positivo que o regionalismo pode desempenhar no crescimento e desenvolvimento.

Nessa Cúpula foi aprovada, também, uma Declaração de Princípios, criando um Pacto para o Desenvolvimento e Prosperidade, compreendendo as temáticas: Democracia, Livre-Comércio e Desenvolvimento Sustentável das Américas.

Para que o Pacto se apresentasse viável, foi sugerido e aprovado um Plano de Ação Hemisférica constituído de propostas a serem implementadas pelos governos dos países da região. É importante mencionar que a Carta da OEA estipula que, para se conseguir a estabilidade, a paz e o desenvolvimento da região, torna-se indispensável que a democracia representativa seja o sistema político. Este sistema é considerado o único que garante o respeito aos direitos humanos, ao estado de direito e salvaguarda à diversidade cultural, ao pluralismo, ao respeito pelos direitos das minorias e à paz nas nações e entre elas.

Outro aspecto destacado no Pacto é a promoção da prosperidade mediante a integração econômica e o livre-comércio. O alcance desses objetivos depende de políticas econômicas adequadas, da obtenção de desenvolvimento sustentável e de engajamento comprometido dos setores privados dinâmicos em relação aos compromissos pactuados. Para isso, há preocupação em dar destaque à importância da colaboração e financiamento do setor privado e de instituições financeiras internacionais em prol da criação de infraestrutura hemisférica. Esse processo exige um esforço de cooperação em campos como telecomunicações, energia e transporte, que possibilite eficiente movimentação de bens, serviços, capital, informação e tecnologia.

Como pode ser percebido até aqui, a Declaração e o Plano de Ação da Cúpula de Miami abrangem uma ambiciosa agenda socioeconômica e política. Foi, entretanto, a questão do comércio que ocupou posição central entre a maioria das delegações. A expectativa de ação coletiva na frente comercial foi proeminente nos meses que antecederam aquela reunião.

Martins (1997), em debate sobre a ALCA com diversos especialistas, afirmou que "tudo indica que a ALCA seja uma decisão de governo (dos EUA), uma decisão de poder (...) uma decisão política do Governo dos EUA". (p. 32)

De fato, em depoimento perante uma subcomissão do Senado dos EUA, a senhora Charlene Barchegfsky afirmou que o interesse crescente que o MERCOSUL desperta, não só na América do Sul e no Caribe, mas também na Europa, no Japão e na China, é percebido pelos EUA como uma ameaça a seus interesses comerciais e a sua própria liderança no hemisfério. Esse depoimento alerta os países interessados sobre o fato de a ALCA ter que ser examinada não apenas como questão econômica e comercial mas, sobretudo, como questão política.

A Segunda Reunião Ministerial, realizada em março de 1996, em Cartagena, Colômbia, examinou os termos de referência dos Grupos de Trabalho da ALCA, criando quatro novos: Serviços (presidido pelo Chile); Política de Concorrência (presidido pelo Peru); Propriedade intelectual (presidido por Honduras); e Aquisições do Governo (presidido pelos EUA). Foram também realizados preparativos para a criação de um Grupo de Trabalho sobre Soluções de Controvérsias para a Terceira Reunião Ministerial, realizada em Belo Horizonte, em 1997.

Paralelamente, o setor privado aumentou sua participação. Embora o foro do setor privado tenha-se iniciado na reunião de Denver, em Cartagena, os representantes desse setor tiveram a oportunidade de entregar pessoalmente suas conclusões aos ministros que assistiram à sessão de encerramento do foro. O Foro Empresarial das Américas, realizado pouco antes de Cartagena, contou com a participação de representantes de empresas e funcionários de associações comerciais da maioria dos países do hemisfério.

Estabeleceu-se, finalmente, que no início de 1998 seria realizada a II Reunião de Cúpula das Américas, em Santiago, no Chile, para que fosse examinado o progresso registrado na ALCA e em outras áreas do Plano de Ação de Miami. Nessa Reunião, o presidente Fernando Henrique Cardoso discorreu sobre o futuro da ALCA, enfatizando sua importância para além dos limites do economicismo. Os aspectos sociais do desenvolvimento continental, com destaque para a educação, segundo o presidente do Brasil, seriam a pedra angular da II Reunião de Cúpula das Américas,

Em 10 de fevereiro de 1998, ocorreu a IV Reunião Ministerial de Comércio, em San Jose da Costa Rica. Durante esse evento, foram expressivas as concessões que os EUA fizeram em relação às negociações em torno da ALCA. Alguns autores acreditam que esse fato se deveu à onda de protecionismo que voltou a ocorrer nos EUA, atrapalhando ainda mais a aprovação do *fast track* pelo Congresso. Outros acreditam que a atitude do Congresso levou ao enfraquecimento da posição negociadora dos EUA. Um terceiro grupo acredita justamente no inverso – o Executivo norte-americano cedeu na mesa de discussões com o objetivo de fazer andar o processo de criação da ALCA e, assim, sensibilizar os opositores internos através de compromissos mais concretos do que retóricos. Qualquer que tenha sido o motivo, o importante é que o bloco do

7

MERCOSUL conseguiu que fossem contornados acordos interinos, um ponto que os norte-americanos defendiam ferrenhamente e cuja criação, antes de 2005, significaria, na prática, a possibilidade de se antecipar a vigência de alguns acordos que os brasileiros só querem ver no papel depois de 2005.

O não estabelecimento do *fast track* (via rápida), que permitiria ao governo dos EUA firmar acordos sem emendas do Congresso, fez com que esse país assumisse postura mais flexível. E o destaque no Plano de Ação se voltou para o setor social e para o combate às drogas.

No setor social, na área de educação, um dos principais objetivos é criar padrões continentais, tentando alcançar o mesmo nível de proficiência em línguas, matemática e ciências. No entanto, o Brasil e o MERCOSUL determinaram não avançar nas propostas sem o *fast track*. Se este for aprovado, a ALCA entrará em vigor em 2005.

A reflexão que temos que fazer, visando à construção da ALCA, é sobre quais pontos vão ter que figurar na ordem do dia, sobre de quais não poderemos abrir mão e quais poderão ser negociados. Se, por um lado, teremos vantagens, por outro estaremos colocando à disposição nosso mercado de consumidores.

Várias perguntas merecem reflexão por parte do Brasil. Por que os norte-americanos desejam a ALCA? É uma decisão do governo, por quê? Por que eles não veem alternativas de integração com outras regiões? Será que, vendo como inexorável a União Europeia, temem-na como podendo assumir peso equivalente, ou maior, do que o dos americanos? Que vantagens teria o Brasil com a ALCA?

Aspecto relevante, levantado por Pereira (Martins, 1997), é o de que a ALCA seria incompatível com a sobrevida dos esquemas sub-regionais existentes. Onde existir qualquer grau de indisciplina no trato de algum tipo de matéria, por aí transitará a ALCA. A médio e longo prazos, a partir do início de sua implementação, gradualmente os mecanismos sub-regionais irão se desfigurando, à medida que se irão universalizando, no continente, as disciplinas mais profundas da ALCA. Esse é um ponto nítido de divergência entre ALCA e MERCOSUL.

Finalmente, qual a ideia que a sociedade brasileira tem sobre o melhor tipo de inserção, para si e para a economia, nesse processo hemisférico?

4. CONSIDERAÇÕES FINAIS

Tendo sido a ALCA uma iniciativa política dos EUA, o Brasil e o MERCOSUL têm-se mostrado cautelosos quanto à sua implementação.

Convém ao Brasil e ao MERCOSUL assegurar, para além da ALCA, a equilibrada distribuição de seu relacionamento comercial e financeiro externos. A União Europeia vem sendo um importante destino para nossas exportações e, portanto, não pode ser descartada como aliada comercial.

Difícil negar que o MERCOSUL seja prioridade brasileira, já tendo atingido certo grau de irreversibilidade, não podendo ser diluído em esquemas mais amplos como a ALCA, com inconvenientes tais como extensão geográfica, acentuada disparidade de capacitação tecnológica e de diferentes níveis de desenvolvimento e de proporções econômicas entre seus membros.

A crise econômica mundial evidencia que não há ambiente propício para a eliminação de barreiras ao comércio continental como desejam os EUA. Por outro lado, a necessidade de os países latino-americanos aumentarem suas exportações pode vir a ser elemento facilitador das negociações junto à ALCA, apesar de a crise financeira estar levando muitos Estados a levantar barreiras tarifárias para conterem importações.

Diante do exposto, parece-nos prudente que a sociedade brasileira privilegie a concretização do MERCOSUL, sem descartar a ALCA, mantidas as cautelas que têm sido tomadas na esfera do Itamaraty. A condução do processo de inserção continental por parte da sociedade brasileira, a nosso ver, tem evidenciado razoável maturidade e prudência em relação ao mito da "harmonia integradora".

REFERÊNCIAS BIBLIOGRÁFICAS

Figueiras, M. S. (1996). *MERCOSUL no Contexto Latino-Americano*. São Paulo: Atlas.

Goyos Jr., D. de N. (1996). *GATT, MERCOSUL & NAFTA*. São Paulo: Observador Legal.

Grieco, F. de A. (1994). *O Brasil e o comércio internacional*. São Paulo: Aduaneiras.

Iglesias, E. V. (sem data). *Rumo ao livre-comércio no hemisfério ocidental: O processo da ALCA e o apoio técnico do Banco Interamericano de Desenvolvimento (BIRD)*. Disponível: http/www.mre.gov.br/WEBGETEC/BDE/2021/docm1.hth

Martins, L. (1997). ALCA: Uma pauta para discussão. Política Externa, 5 (4), pp. 27-76.

Pereira, R. C. A. (1997). *III Reunião de Ministros Responsáveis por Comércio do Hemisfério: Uma avaliação dos Resultados*. Disponível: http/www/mre. gov.br/getc/ WEBGETEC/BDE/22/artigo.htm

Rodrigues, M. C. P. O. (1996). O mercado de trabalho e a intervenção viável. In Brandão, A. S. P., Pereira, L. V. (Orgs.). *MERCOSUL: Perspectivas de integração*. Rio: Fundação Getulio Vargas.

9. MEMORIAL PARA CONCURSO DE PROFESSOR TITULAR

MEMORIAL PARA INGRESSO EM CONCURSO PARA
PROFESSOR TITULAR DE PSICOLOGIA EDUCACIONAL

por

MÁRCIA P. R. DE MAGALHÃES GOMES[*]

FACULDADE DE EDUCAÇÃO
UNIVERSIDADE FEDERAL DO RIO DE JANEIRO

1992

---

[*]Bacharel em Medicina (UNIRIO) e licenciada em Pedagogia (UFRJ)
Mestre e Doutora em Educação (UFRJ)
Psicanalista (Sociedade Brasileira de Psicanálise)
Professora do Programa de Pós-Graduação em Educação da UFRJ (1974/1991)
Professora do Programa de Pós-Graduação em Educação da UCP

> "Devemos tornar explícito (...) que nos fundimos, por vezes, com os objetos de estudo, em vez de nos separarmos deles; que estamos quase sempre profundamente envolvidos e que devemos estar, se não quisermos que o nosso trabalho seja uma fraude. Também devemos aceitar honestamente e expressar francamente a profunda verdade de que a maior parte do nosso trabalho objetivo é, simultaneamente, subjetiva; que o nosso mundo exterior é, frequentemente, isomórfico com o mundo interior."
> (Maslow)

> "Eu sou eu e minhas circunstâncias."
> (Ortega y Gasset)

As circunstâncias se matizam, se renovam, se transformam. E junto com elas, na dialética de existir, o próprio eu se matiza, se renova e se transforma, na busca incessante da autoatualização, "no desejo de chegar a ser, cada vez mais, o que se é" (Maslow, 1975, p. 96).

Por isso, as circunstâncias marcam. Mesmo quando parecem esbater-se no tempo, elas permanecem, "estão aí". Sinto-as aflorar em mim, evocadas por este memorial. Neste retrospecto do vivido, descubro que, nelas, esteve sempre presente o apelo a uma motivação mais profunda: o de ser mais, sendo com o outro.

Os caminhos estavam à minha frente. Escolhi o da Psicologia, mais precisamente o da Psicologia da Educação. Não tem sido uma trajetória fácil. Tive que percorrer alguns atalhos, antes de chegar à estrada principal. Tendo conseguido alcançá-la, percebi que ela não está totalmente acabada. Devo continuar a construí-la passo a passo. Cada etapa vencida coloca à minha frente um novo desafio. Este concurso para professor titular de Psicologia da Educação é o mais recente e mais instigante.

Porém, o que significa "professor titular de Psicologia da Educação"? Qual o perfil desse profissional da educação? Na globalidade que o dimensiona, ressalto a disponibilidade para o outro e para o novo, o compartilhamento sadio dos problemas e das soluções que emergem no espaço privilegiado da sala de aula, a preocupação, sempre renovada, de buscar o conhecimento construído, reconstruindo-o criativamente, enfim, compromisso moral com a vida. A explicitação dessa interioridade, realizando-se no trabalho, é o elemento definidor do professor titular de Psicologia da Educação. Nesse sentido, ele se apresenta como um profissional dotado de rica e expressiva experiência de ensino na área específica – a da Psicologia da Educação – e também como pesquisador criativo e de ponta, com significativa produção científica e atividades de extensão. Consegue, portanto, unir no exercício da profissão docente as funções tríplices de uma universidade: o ensino, a pesquisa e a extensão, direcionando-as, sempre, para as questões psicológicas da educação.

Neste memorial, farei a tentativa, como estudiosa de Psicologia, de procurar entender e analisar minha própria interioridade enquanto vou percorrendo passo a passo as vivências mais significativas do meu processo educacional e formação acadêmica.

Esforço-me por trazer aqui, com autenticidade e familiaridade, o que a Psicologia, no sentido mais amplo, pôde inspirar na explicação de fatos, situações e confrontos na essencialidade do ato educativo experienciado por mim e por aqueles do meu entorno.

EM BUSCA DO TEMPO VIVIDO

Cinquenta anos de vida. Portal da maturidade. Não temo atravessá-lo. Sei que descobrirei "em suas inexploradas entranhas a perene, insuspeitada alegria de conviver" (Carlos Drummond de Andrade, *O homem e as origens*).

Ao ultrapassá-lo, volto-me para o vivido, entendendo que "toda maturidade exige um tempo cuja duração é quase irredutível" (Marchand, 1985, p. 17) ao próprio tempo.

Evoco as dificuldades e frustrações surgidas em meu caminhar e constato, com sentimento de satisfação, que consegui transformá-las em momentos criativos de minha história. Gosto de ser posta à prova. Sinto prazer em buscar novas metas, para além dos empecilhos. Se acredito no que quero, luto por alcançá-lo.

Minha maturidade teve suas origens na confiança em mim depositada por meus pais, pois "existir é criar a cada passo o ser que me foi dado ser, através de uma transposição da potencialidade que me foi outorgada a uma atualidade que me confirmo a mim mesmo" (Padilha, 1980, p. 7).

A CONQUISTA DA INICIATIVA

Chegou o momento da escola, o jardim de infância do Instituto de Educação do Rio de Janeiro foi a ponte que me conduziu a um outro mundo. Ali cheguei ansiando por aprender a ler. Que decepção! O impacto causado pela impossibilidade de encontrar no jardim de infância o que buscava, isto é, aprender a ler provocou em mim o primeiro sentimento de frustração em relação à escola. Mais tarde, encontrei na teoria do desenvolvimento psicossocial de Erik Erikson a resposta para aquela situação conflitiva. Segundo esse autor, aproximadamente aos quatro anos de idade, se a criança consegue ultrapassar a "crise" que lhe permite o alcance de determinado nível de independência, ela atingirá a etapa seguinte, caracterizada pela aquisição da iniciativa. Antes dos cinco anos, eu já não queria depender de alguém para ter acesso à comunicação escrita. Era a minha iniciativa que se fazia presente! Não encontrando na escola o que desejava, pedi a uma tia, professora, que me ensinasse a ler. Daí em diante, os livros passaram a ser meus companheiros, e com eles dialogo em meu cotidiano.

Em Jean Piaget, achei a explicação do processo cognitivo que vivenciara. Encontrava-me na fase do pensamento intuitivo, que estabelece uma ponte entre a aceitação passiva do ambiente e a capacidade de reagir a ele realisticamente. Eu reagi.

Até onde minha memória alcança e meu consciente permite, não me recordo de nenhuma situação de ensino-aprendizagem por mim vivida, seja no jardim de infância, seja no curso primário, em que identificasse, por parte dos professores, a preocupação com a minha individualidade. Era a minha percepção!

Apesar de decorrida mais de uma década do "Manifesto dos Pioneiros da Educação Nova" (1932), a proposta de atendimento às necessidades dos alunos não chegara à escola que eu frequentava.

Ah! As diferenças individuais! Tão decantadas, tão proclamadas e quase nunca consideradas na prática!

Nas turmas em que fui colocada, por ser tímida e, portanto, não exibir um comportamento talvez mais atraente aos olhos das professoras, sempre me senti despercebida. Este fato, felizmente, não interferiu em minha vontade de buscar e criar coisas novas. "O mundo dos outros não é um jardim de delícias. É permanentemente provocação à luta, à adaptação, incita-nos a ir mais além" (Mounier, 1970, p. 60). Este pensamento de Emmanuel Mounier talvez explique o porquê de, mesmo sendo tímida, eu gostar de desafios. Uma vez que, por não conseguir evidenciar, como a maioria dos colegas, o que estava pensando ou sentindo, necessitava de outra forma para me comunicar. Utilizei para isso o meu rendimento acadêmico. Mesmo sem alarde, mostrava que existia. "Só existo na medida em que existo para os outros" (Mounier, 1970, p. 64).

Posso agora entender com clareza minha necessidade de compreender e ser compreendida pelo outro.

Logo que percebi o grande mistério que é o ser humano, passei a buscar cada vez mais apreendê-lo, o que foi um fator decisivo em minha formação acadêmica.

Dentre as leituras que fiz na infância, destaco a obra de Monteiro Lobato como a que mais significado teve para a minha "construção". Seus personagens passaram a constituir os principais componentes de minha fantasia. Quantas vezes sonhei acordada com o Minotauro, os Doze Trabalhos de Hércules e o Sítio do Pica-pau Amarelo! Concordo com Abramovich (1985) que Monteiro Lobato conseguiu no "utópico" Sítio do Pica-pau Amarelo aglutinar o mundo das Fábulas, da Mitologia, da Literatura Clássica e dos Contos de Fadas.

Foi ainda Monteiro Lobato que, despertando em seus leitores a consciência da terra, da condição de ser brasileiro e integrante do mundo, conseguiu influenciar meu desenvolvimento como pessoa e cidadã, impedindo que personagens como Branca de Neve, Chapeuzinho Vermelho e Cinderela assumissem preponderância em meu imaginário infantil.

O DESPERTAR DA CONSCIÊNCIA CRÍTICA

Vencida a etapa do primário (vivíamos a Reforma Capanema), saí do Instituto de Educação a fim de me preparar num "cursinho" para o exame de admissão ao ginasial daquele mesmo estabelecimento de ensino. Aprovada, a ele retornei.

Logo na primeira semana de aulas, senti a enorme diferença entre ser aluna do primário e aluna do ginásio. Além de ter que lidar com diferentes disciplinas e metodologias, a relação aluno-professor se fragmentara, pois agora eu tinha vários professores. Fiquei assustada com o fato de ter de ficar de pé quando o "mestre" entrava na sala. Diziam-me ser "atitude de respeito". Não tendo vivenciado tal situação no primário, era difícil entender o porquê dessa exigência, cuja desobediência significava falta grave.

Estava em plena puberdade, período naturalmente tenso. Se a esta dificuldade acrescentarmos a incompreensão da maioria dos professores com que lidava, explica-se a sensação que sentia de estar perdida. Entrava em pânico ao ser confrontada com situações que pareciam totalmente anacrônicas.

A distância, consigo compreender quanta insegurança estava subjacente à atitude daqueles professores. Para quase todos, ser autoritário significava ser bom professor. Entendiam que o temor, e não o respeito, seria a forma adequada e correta de obter dos alunos o que consideravam importante. Em vez de transformarem o conteúdo que pretendiam ensinar em algo atraente, estimulador da reflexão, do espírito crítico, da criatividade, queriam que os estudantes se adaptassem ao modelo que supunham certo e único. Como o processo ensino-aprendizagem poderia ter sido produtivo se tivessem sido mais sensíveis às necessidades daqueles adolescentes!...

O poder do professor sobre os alunos torna-se mais forte quando se reveste de erudição. Quanto mais inseguro ou impotente, mais destrutiva será sua influência, ainda que exercida em nome de uma pretensa intenção de instruir.

Caberia aos professores manter-nos motivados, com nossa imaginação e curiosidade sempre prontas a explorar novos caminhos. Esta seria a melhor forma de exercer o magistério, a de possibilitar aos alunos uma atitude crítica frente às possíveis "verdades" que lhes eram apresentadas.

Se, no primário, os princípios defendidos pelo movimento escolanovista não eram postos em prática, no ginásio a situação se repetia, pois a abordagem de conteúdos era totalmente desprovida de significados para os alunos.

Os conflitos característicos da juventude agravaram-se pela atitude inadequada de grande maioria dos professores.

A questão torna-se mais dramática quando esses professores acreditam que a comprovação de sua competência depende do mau resultado apresentado por seus alunos. Quanto mais zeros dados nos testes, maior é o conhecimento do professor. E era assim que eu ia atravessando o meu *rite de passage* pelos umbrais da adolescência, familiarizando-me, pouco a pouco, com o ato sacrificial da escola!

A CONSTRUÇÃO DA IDENTIDADE

Aos 15 anos, ingressei no curso normal. Nessa fase, ocorreu em mim uma transformação radical. Havia descoberto novas formas de refletir sobre os conhecimentos e de relacioná-los.

Todas as disciplinas, além do sentido lógico, passaram a ter, para mim, sentido psicológico, como enfatiza David Ausubel em sua obra. A percepção do sentido psicológico não era consequência de preocupação, por parte da maioria dos professores, de tornar a aprendizagem significativa (como preconiza Ausubel) e, sim, de minha nova maneira de encarar os conteúdos do ensino.

Minha curiosidade pelas disciplinas que me eram apresentadas na escola havia sido despertada. O novo e o desconhecido voltaram a ser, como antes do meu ingresso no ginásio, inquietantes e desafiadores. O estudo, de obrigação cansativa, passara a ser motivo de prazer. Não era simplesmente o aprender para obter boas notas, mas para conhecer mais e mais. Isso me fez buscar conteúdos que extrapolavam o que era exigido pelos professores. Os livros que versavam sobre as diferentes matérias passaram a me instigar tanto quanto os de literatura.

Ao longo do Curso Normal, embora tivesse curiosidade intelectual por todas as disciplinas, elegi algumas como as que mais de perto atendiam a meus interesses. Eram aquelas que, de alguma forma, buscavam explicar o ser humano relacionado ao ato educativo: Psicologia da Educação, História e Filosofia da Educação, Sociologia da Educação e Biologia da Educação. Eram os primeiros alicerces das minhas aspirações profissionais!

À PROCURA DA OPÇÃO PROFISSIONAL

Aproximava-se o momento de conclusão do Normal. Fiquei um tanto indecisa quanto ao curso que iria fazer, pois pretendia continuar meus estudos em nível superior. Ofereciam-se a meus olhos como um leque de opções a Psicologia, a Filosofia, a Sociologia e a Biologia. A primeira detinha minha predileção. Na época, não havia ainda curso de Psicologia na então Faculdade Nacional de Filosofia da Universidade do Brasil. Optei, então, pelo curso de Pedagogia, por ser o que melhor atenderia à minha preferência, pelo fato de apresentar em seu currículo as disciplinas que despertavam o meu interesse. Não hesitei. Prestei vestibular para a Faculdade Nacional de Filosofia da UB (atual UFRJ) e para a Universidade do Estado da Guanabara (atual UERJ). Fui aprovada em ambas e decidi-me, como daí para sempre o faria, pela primeira.

O curso, e agora percebo claramente como, em geral, os de nível superior, estava aquém de minhas expectativas. Esperava nele encontrar experiências intelectualmente estimulantes e um desafio à minha curiosidade. Isso não ocorreu. Deparei-me com um currículo atomizado, com conteúdos desarticulados.

Apesar do meu desencanto, é importante que eu apresente o outro lado da moeda – os aspectos positivos do curso.

Dentre os professores, um realmente se destacou. E logo se saberá o motivo. Foi o professor Raul Bittencourt. Seu domínio da obra de Freud, a nós apresentada no último ano do curso, me seduziu. Lembro-me do fascínio que senti pela teoria freudiana. Começava a ter uma visão dos meandros da mente humana. Descobri, então, que preponderava em mim o instinto de vida e que, inconscientemente, utilizava a sublimação.

Mais tarde, ao ler os livros de Freud, pude satisfazer a necessidade de aprofundamento em psicanálise. Em sua obra *O mal-estar da civilização,* Freud afirma que nosso aparelho mental pode reorientar os instintos, de modo a que evitem a frustração proveniente do mundo exterior, fazendo uso da sublimação. Em relação a esse processo, esse autor afirma que

> Obtém-se o máximo quando se consegue intensificar suficientemente a produção do prazer, a partir de fontes do trabalho psíquico e intelectual. Quando isso acontece, o destino pouco pode fazer contra nós. Uma satisfação desse tipo, como por exemplo a alegria do artista em criar, em dar corpo às suas fantasias, ou à do cientista em solucionar problemas ou descobrir verdades, possui uma qualidade especial que, sem dúvida, um dia poderemos caracterizar em termos metapsicológicos. (p. 98)

Esse pensamento de Freud descreve com muita clareza o papel desempenhado pela sublimação. Quanta libido tenho canalizado para minha produção intelectual! Realmente, a sublimação, por não se constituir em fato episódico, é capaz de gerar um prazer refinado e pleno.

A atividade intelectual, como já mencionei, é o alimento imprescindível que consegue debelar minha intensa "voracidade" de conhecer cada vez mais. Esta "voracidade" – no sentido de Melanie Klein – me levou a querer ingressar num curso de pós-graduação, relacionado à Psicologia, logo após a obtenção do bacharelado e da licenciatura em Pedagogia na Faculdade Nacional de Filosofia da Universidade do Brasil. Não existindo o que desejava, preferi esperar, e, enquanto isso, procurei vivenciar a experiência docente em diferentes níveis de ensino. E valeu!

AMPLIANDO O HORIZONTE PROFISSIONAL

A primeira oportunidade ocorreu logo após minha formatura em Pedagogia, quando uma ex-professora de História e Filosofia da Educação – Malvina Cohen Zaide – convidou-me para atuar no Curso Intensivo do Instituto de Educação, ministrando aquela disciplina. Entre gozar férias ou trabalhar com normalistas, escolhi a segunda alternativa. Foi uma experiência fecunda. Pela primeira vez, dentre as muitas que ocorreram depois, eu, professora de futuros professores. Nascia aí um compromisso!

A então catedrática da disciplina, professora Josefa Magalhães e Silva, entusiasmada com meu trabalho, requisitou-me para fazer parte de sua equipe, o que se concretizou em 1967. Enquanto aguardava tal oportunidade, fui convidada para lecionar a disciplina Prática de Ensino, na Escola Normal Heitor Lira (1966), onde pude constatar quanto era difícil ser professor primário! Como é difícil lidar adequadamente com crianças que apresentam problemas afetivos e/ou sociais! Como é difícil encontrar formas apropriadas de atuar com elas, respeitando-as em sua individualidade!

Apesar de o Curso Normal da época estar preocupado em preparar as normalistas para a tarefa que iriam exercer, a realidade do dia a dia da escola muito pouco correspondia ao que lhes era ensinado.

Acredito que as boas professoras primárias foram e continuam sendo basicamente autodidatas. Se atuei bem, e suponho que sim, nesse nível de ensino, devo-o em grande parte à intuição. A ênfase das metodologias se dirigia excessivamente à incentivação. O material didático e o tempo despendido para incentivar o aluno eram tão privilegiados que o conteúdo propriamente dito ficava em segundo plano. Era assim que eu ia consolidando meu potencial crítico, que se tornou essencial para minha atuação posterior.

Sempre assumi posição semelhante à defendida por Almeida (1986):

> Creio que já é tempo de definir e valorizar o trabalho específico do professor: o ensino, recusando slogans do tipo "ninguém ensina nada a ninguém", hoje bandeira do descompromisso de cada professor isolado e da desvalorização aos olhos da sociedade de toda uma classe profissional. (p. 18)

Convidada (1966) para lecionar no Colégio Pedro II a disciplina História, na condição de professora "horista", no ginasial e no clássico, pude dedicar-me ao estudo aprofundado de História Geral e do Brasil, modificando a forma pela qual esta disciplina era comumente trabalhada – elenco de nomes e datas decorados e exigidos nas provas.

A compreensão do passado facilita o entendimento do presente e possibilita a antevisão do futuro. O fato histórico não deve ser percebido, então, como simples recordação ou narração do passado e, sim, como algo construtivo. A História, a meu ver, é antropocêntrica, pois sua caracterização depende basicamente do ser humano. Portanto, proporciona o entendimento desse ser humano como sujeito do contexto em que vive e atua. Essa nova perspectiva da História motivou-me a prestar concursos de provas e títulos para Professor Secundário dessa disciplina na Secretaria de Educação e Cultura do Estado da Guanabara em duas ocasiões (1967 e 1974) e para o Colégio Pedro II, em 1971, na condição de Professor Auxiliar de Ensino.

Durante esse tempo, requisitada pela professora Josefa Magalhães e Silva, já lecionava História e Filosofia da Educação no Instituto de Educação, quando tive oportunidade de abordar o fato histórico educacional com fundamentação filosófica. Essa conjugação da História e Filosofia da Educação veio dar suporte e solidificação à minha percepção da Psicologia no concerto da interdisciplinaridade.

A PSICOLOGIA NO *CORE* DE MINHA TRAJETÓRIA

Senti que minha prática docente se desenvolvia e que meu interesse pelo aspecto psicológico do ser humano persistia teimosamente. Aquela semente lançada pelo professor Raul Bittencourt, quando falava com propriedade exemplar da teoria freudiana, desabrochava em mim num contexto que carregava todas as nuances de minhas vivências entre Educação e Psicologia.

Buscando avançar na carreira acadêmica para descobrir respostas a muitas indagações, matriculei-me no Curso de Mestrado em Educação na Faculdade de Educação da UFRJ (1972), optando, porém, pela área de Orientação Educacional, por ser a que mais se aproximava de meu interesse pela Psicologia. Tentava então relacionar o conhecimento de Psicologia e o da Educação.

Por sua vez, minha experiência docente encontrou eco em minha atuação como orientadora educacional, enfrentando o desafio de elaborar um instrumento de sondagem de aptidões de alunos da rede municipal de acordo com o que estabelecia a Lei nº 5692/71, da Reforma de Ensino de 1º e 2º Graus.

Com essa finalidade, busquei na literatura nacional e internacional subsídios que me possibilitassem desenvolver o trabalho com direcionalidade, persistência e entusiasmo, de tal modo a tornar-se tema de minha dissertação de mestrado.

O instrumento construído – Ficha de Sondagem de Aptidões pelo Professor – FISAP – destinava-se a ser preenchido por professores a partir de suas observações do comportamento do aluno em situações de sala de aula.

As conclusões do trabalho foram relevantes na medida em que se desdobraram produtivamente. A esse respeito, destaca-se o estudo aprovado para apresentação no Encontro Anual da American Educational Research Association (AERA), em 1976, posteriormente publicado nos EUA, sob a forma de artigo, no periódico Educational and Psychological Measurement (1977), o que significou, de certo modo, um reconhecimento internacional do trabalho. Além disso, o estudo deu ensejo à elaboração de um projeto, financiado pelo INEP, em que a referida "Ficha de Sondagem de Aptidões" foi aplicada a um grupo mais numeroso de professores e alunos e cujos resultados superaram as expectativas. Desse trabalho originou-se, ainda, um livro publicado pela Editora Globo, em 1980.

Paralelamente a essa bem-sucedida experiência de pesquisa, lecionei, a convite da então Diretora Adjunta da Pós-Graduação da Faculdade de Educação da UFRJ, professora Lyra Paixão, Psicologia da Aprendizagem no Curso de Aperfeiçoamento em Supervisão Educacional, promovido por um convênio UFRJ/SUBIN/CAPES. Finalmente alcançara meu ansiado objetivo docente: a Psicologia aplicada à Educação.

Como meu desempenho correspondeu ao esperado, fui contratada como Professor Visitante da Faculdade de Educação para ministrar Psicologia da Aprendizagem em nível de Mestrado. Nessa experiência, tive oportunidade de ampliar meus conhecimentos do ser humano em situação educacional.

Como professora do Curso de Mestrado, lecionei, também, em Juiz de Fora, Psicologia do Desenvolvimento para professores da Universidade Federal dessa cidade, em regime intensivo. Ampliava-se dessa forma meu escopo no campo da Psicologia vinculada com a Educação.

A docência em Psicologia da Aprendizagem no Mestrado em Educação da Faculdade de Educação da UFRJ favoreceu minha participação em diferentes atividades. Coordenei seminários sobre teorias de ensino e aprendizagem, publiquei artigo – "Posições Contemporâneas em Psicologia da Aprendizagem" – e, como membro da Equipe do Setor de Estudos e Pesquisas do Instituto de Educação, desenvolvi pesquisa para diagnosticar problemas do processo ensino-aprendizagem.

A cada vivência eu sentia emergir em mim com mais força a percepção da fecundidade que permeia o processo de ensinar e de aprender.

A convite da professora Lydnéa Gassman, elaborei, em coautoria, uma publicação sobre Psicologia da Educação destinada a professores de Habilitações Básicas (Contrato MEC/SEG/FGV, 1978).

Neste ponto faço uma pausa para, embora voltando alguns passos atrás, mencionar um fato marcante de meu percurso acadêmico e que, só agora, fica mais bem compreendido em minha história. Muito envolvida com as dificuldades apresentadas pelos alunos, como orientadora educacional, antes mesmo de defender a dissertação de Mestrado, senti a necessidade de maior aprofundamento na compreensão do ser humano em sua totalidade e, por isso, decidi prestar vestibular para Medicina (janeiro de 1975), que cursei simultaneamente com minhas atividades profissionais em Educação.

Tinha nas mãos uma gama de tarefas a exigir imensa energia: lecionar no Instituto de Educação, atuar como Orientadora Educacional na escola onde também desenvolvia a pesquisa que constituiria minha dissertação de mestrado e cursar o primeiro ano de Medicina. Foi desafiador!

A Medicina forneceu-me, de fato, subsídios inestimáveis para compreender a dimensão integral do homem.

Como identificar o motivo do sofrimento de alguém se não tivermos essa visão da condição humana?

O corpo e a mente não podem ser percebidos como entidades dissociadas, pois se fundem na unicidade que caracteriza o ser humano. Foi tendo em vista essa perspectiva que, apesar de ter optado, na Medicina, pela Psiquiatria e pela Psicanálise, não abri mão de realizar meu internato numa enfermaria de Clínica Médica, na Santa Casa da Misericórdia do Rio de Janeiro, onde, no convívio com os doentes, aperfeiçoei-me como profissional e me desenvolvi como pessoa.

A formação médica forneceu-me, também, o embasamento necessário à participação em diferentes cursos relacionados à preparação de professores para atuar com alunos excepcionais, realizados em nível de pós-graduação, na UFRJ.

Vi também com grande satisfação a oportunidade de aplicar conhecimentos de Psicologia à área de saúde, tanto ao ministrar no Curso de Medicina da Universidade Gama Filho a disciplina Psicologia Médica, quanto ao coordenar, junto à 22ª Enfermaria, o Centro de Medicina Psicossomática da Santa Casa da Misericórdia do Rio de Janeiro.

MOMENTOS DE CULMINÂNCIA

Destaco como um dos marcos mais significativos da minha vida acadêmica o concurso que prestei, e em que fui aprovada, para Professor Assistente de Psicologia da Educação do Departamento de Psicologia da Educação da Faculdade de Educação da UFRJ (1977).

A Psicologia da Educação tornara-se meu principal foco de estudo, estendendo-se a todas as áreas em que eu atuava profissionalmente.

Dois acontecimentos simultâneos foram importantes para a minha vida acadêmica e contribuíram substancialmente para a minha autoestima: a colação de grau em Medicina e a comunicação de ter sido aprovada pela Sociedade Brasileira de Psicanálise do Rio de Janeiro para dar início à minha Formação Psicanalítica.

Para melhor conhecer o outro conhecendo a mim mesma, busquei a Medicina e a Psicanálise:

> Aprenda a se conhecer antes de pretender conhecer (o outro). Observe os limites de sua própria capacidade (...). Antes de todos os que você poderia compreender, instruir, está você. É por você mesmo que é preciso começar. (Korzak, 1985, p. 166)

Entendendo o significado dessas palavras, tento fazer com que meus alunos-professores e futuros professores também reflitam sobre elas e as utilizem em sua atividade profissional.

Senti como é difícil atingir o autoconhecimento. Dá medo, causa ansiedade. Senti como é doloroso perceber limitações. Como dói enfrentar o que, dentro de nós, tenta subverter nossas pretensões.

A análise individual a que me submeti constituiu momento de culminância; provocou sofrimento, mas me ensinou a lidar com as minhas dificuldades e, de certa forma, ajudou-me no processo de libertação pessoal. Verdadeiramente, como afirma Padilha (1980), "o homem só se liberta quando se engaja no seu próprio ser, ou dele faz o ser que ele deverá ser" (p. 5).

Outro marco significativo para a minha compreensão da mente humana foi o meu ingresso como psiquiatra no Pronto Socorro do Hospital Dr. Philippe Pinel, onde permaneci por cinco anos. Quanto se aprende com o ser humano no auge de um "surto psicótico", num "quadro florido", segundo jargão psiquiátrico! Somente a "loucura" nos leva a avaliar a "normalidade" na incomensurável profundidade do ser.

Ao longo de minha Formação Psicanalítica, dediquei-me a apreender os inesgotáveis labirintos da mente humana. Assim, em 1982, relatei, no III Congresso Brasileiro de Medicina Psicossomática, uma "Estratégia de Implantação de um Núcleo de Saúde Mental de Clínica Médica". Mas a Psicologia da Educação se mantinha presente. No XIII International Congress of Psychotherapy e no VII Congresso Brasileiro de Psiquiatria, apresentei o trabalho "Escola: Fator Desencadeante e/ou Exacerbador da Neurose Infantil", onde articulei a Psicologia, a Medicina e nela a Psiquiatria como fundamentais à compreensão do relacionamento homem-educação.

Esses estudos foram publicados posteriormente em dois periódicos. O primeiro, em *Informação Psiquiátrica* da UERJ, e o segundo, no *Jornal Brasileiro de Psiquiatria* da UFRJ.

Pode parecer estranho que uma pessoa que ainda se dedicava a uma Formação Psicanalítica na Sociedade Brasileira de Psicanálise do Rio de Janeiro, entidade conhecida por seu alto grau de exigência, se dispusesse a cursar, concomitantemente, o Doutorado em Educação Brasileira da UFRJ (1984) na área de Estudos Sócio-histórico-filosóficos. Para mim, entretanto, essa decisão foi extremamente coerente. Buscava ampliar os conhecimentos que considerava indispensáveis a meu desempenho profissional. O aprofundamento no campo psicológico fez com que sentisse necessidade de maior embasamento em áreas afins, que possibilitassem complementar-me academicamente. Nesse momento, já percebia com nitidez a importância da interdisciplinaridade.

Minha preocupação mais ampla é a educação, e, mais especificamente, a educação brasileira, na qual atuo.

Concluída a Formação Psicanalítica e com o Doutorado em andamento, voltei a apresentar estudos em eventos, agora totalmente centrados na problemática educacional. Apresentei trabalhos no VII e VIII Simpósios Nacionais de Ensino de Física (respectivamente, na USP e UFRJ); no IV Encontro Nacional de Didática e Prática de Ensino (na Universidade Católica de Pernambuco); no VII Encontro de Pesquisa em Educação do Nordeste (Universidade Federal de Sergipe); no IV Seminário de Pesquisa em Educação na Região Sudeste (Universidade do Espírito Santo), na "UFRJ vai à Escola" (Faculdade de Educação/UFRJ); no II Encontro Latino-Americano de Psicologia Marxista e Psicanálise (Havana, Cuba); no Simpósio Latino-Americano de Psicologia do Desenvolvimento (International Society for the Study of Behavior Development, Recife); na Conferência Interamericana – Ensino de Ciências para o Século XXI – ACT – "Alfabetização em Ciência e Tecnologia" (Brasília); no Encontro Nacional das Escolas de 1º e 2º Graus das Universidades Federais (CAp/UFRJ).

Convidada pela professora Vera Lúcia Góes Pereira Lima, coordenei o Curso de Especialização para o Magistério na Área de Deficiência Auditiva – Convênio UFRJ/INES/MEC. Nessa coordenação, pude novamente integrar meus conhecimentos de Medicina, Psicologia e Educação, comprovando a propriedade de ter elegido essas áreas para a formação acadêmica.

No transcurso dessa multiplicidade de eventos e ideias, alguma coisa me intrigava de modo peculiar e se transformou em uma indagação persistente, que teve origens no decorrer de um curso sobre Metodologia de Ensino. Nessa oportunidade, a questão que me instigou se relacionava às chamadas concepções espontâneas que os alunos constroem antes de ingressarem na escola. Era precisamente o ponto recorrente de minha preocupação com o processo de aprendizagem do ser humano. Nesse episódio, fui descobrindo uma trilha que me levou a pesquisar e elaborar um trabalho apresentado no Encontro Anual da American Educational Research Association (San Francisco, EUA, 1989). Esse evento inspirou meu problema de tese de doutoramento em Educação Brasileira, permitindo estabelecer o relacionamento entre a Psicologia da Educação e a Teoria de Mudança Conceitual. Trata-se de teoria que vem sendo desenvolvida por estudiosos de um Grupo de Interesse Especial – SIG – da American Educational Research Association, o qual se ocupa do problema da substituição das concepções "alternativas" que os alunos trazem consigo para a escola, pelas concepções formais. Esse Grupo de Interesse – Subject Matter Knowledge and Conceptual Change – é formado por pesquisadores internacionais, entre os quais alguns brasileiros, como o professor Arden Zylbersztajn e eu própria.

O problema de orientação de minha Tese de Doutorado foi complexo, por não haver na UFRJ um docente que dominasse o conteúdo. Por essa razão, apelei para a professora Célia Dibar Ure, Mestre em Psicologia e Doutora em Física, da UFF, que cordialmente aceitou o compromisso de co-orientá-la, tendo em vista que o Regulamento da UFRJ exige que o orientador "principal" pertença aos quadros da Faculdade de Educação.

Considero culminante em minha carreira acadêmica ter, na Tese de Doutorado, transferido para a Psicologia da Educação um Modelo – PSHG – elaborado no âmbito da Física. Consegui demonstrar em meu estudo o fato de que a utilização desse Modelo não se limitaria ao processo de acomodação de conceitos, podendo ser, como o foi, aplicado também à assimilação.

A partir de minha tese, elaborei um *paper* que foi apresentado no Encontro Anual da American Educational Research Association, em 1992, em San Francisco (EUA), pelo Dr. Peter Hewson, um dos criadores do Modelo conhecido como PSHG, nome formado pelas iniciais de seus autores (Hewson, Posner, Strike e Gertzog, 1982).

Fiquei extremamente gratificada ao tomar conhecimento, através de carta enviada pelo Dr. Peter Hewson, de que apenas uns poucos pesquisadores dessa temática, considerada de ponta, haviam percebido o que demonstrei no desenvolvimento do meu estudo.

Outro aspecto positivo dessa minha pesquisa é a sua dimensão heurística. Dela derivaram duas teses de doutorado – uma já defendida e outra em andamento –, duas práticas de pesquisa com doutorandos e mestrandos e uma disciplina – "Tópicos Especiais em Psicologia da Educação: Teoria da Aprendizagem por Mudança Conceitual".

Após meu doutoramento, outros momentos de culminância ocorreram, entre os quais a possibilidade de participação em bancas examinadoras de teses de Doutorado, de dissertações de Mestrado e de seleção de doutorandos.

O PRAZER DO DESAFIO

A compreensão do ser humano, especificamente em sua dimensão psicológica direcionada para o processo de ensino-aprendizagem, tem se constituído polo irradiador de minhas atividades de ensino, de pesquisa e de extensão há quase duas décadas.

Respondendo à motivação que mobiliza a minha individualidade, centralizei na Psicologia da Educação meu interesse profissional, elegendo-a elemento formador e informador de minha prática educativa.

Vejo-me, agora, frente a novo desafio: Concurso para Professor Titular de Psicologia da Educação.

Talvez seja esse o momento de maior culminância de toda a minha vida acadêmica.

Disponho de três instâncias para revelar o potencial que sei existir em mim: meus títulos apresentados no *curriculum vitae;* meu domínio do conteúdo avaliado por uma conferência a ser proferida; e este memorial que retrata o vivido.

Mais uma vez me desnudo. Mais uma vez serei examinada. Mais uma vez será dado um *veredictum*.

É sofrido, mas vale a pena.

> Ah! Os caminhos estão todos em mim
> Qualquer distância ou direção ou fim
> Pertence-me, sou eu. O resto é a parte
> de mim que chamo mundo externo.
> (Fernando Pessoa)

REFERÊNCIAS BIBLIOGRÁFICAS

Abramovich, Fanny (1985) *Quem educa quem?* São Paulo: Summus Editorial.

Almeida, Guido (1986). *O professor que não ensina.* São Paulo: Summus Editorial, 1986.

Freud, Sigmund (1974). *O mal-estar na civilização.* Edição standard brasileira das obras completas, vol. XXI. Rio de Janeiro: Imago Editora.

Korczak, Janusz (1983). *Como amar uma criança.* Rio de Janeiro: Paz e Terra.

Marchand, Max (1985). *A afetividade do educador.* São Paulo: Summus Editorial.

Maslow, Abraham H. (1975). *Motivación y personalidad.* Barcelona: Sagitario S.A. Ediciones y Distribuciones.

Mounier, Emmanuel (1970). *O personalismo.* Lisboa: Moraes Editora.

Padilha, Tarcísio M. (1980). *O primado da existência. Introdução à filosofia,* vol. 1. Rio de Janeiro: Universidade Gama Filho.

ÍNDICE ALFABÉTICO

A

Abreviaturas e siglas, uso de, 38
Amostra, 6, 47
Anexos, 15
    disposição gráfica, 39
    folhas de apresentação de, 43
    instruções sobre, 12
    posição no índice, 40
Autores. *Ver* Obras e autores

B

Bibliografia. *Ver* Referências bibliográficas

C

Capítulos e seções
    incluídos no corpo do projeto, 1
    incluídos numa dissertação ou tese, 12
Citações ABNT
    de instituições, 27
    de obras e autores, 27
    disposição gráfica, 26
    números, 37
    uso de, 26
Citações APA
    de instituições, 25
    de obras e autores, 25
    disposição gráfica, 24
    números, 37
    uso de, 23
Conclusão, 15
Corpo do trabalho, 12

D

Dados
    coleta, 7
    tratamento, 7
Definição de termos, 4
Digitação, uniformização gráfica, 39
Disposição gráfica, 39
    citações, 41
    espaçamento, 39
    figuras, 41
    folha de apresentação, 43
    folha de rosto, 39
    índice, 40
    lista de tabelas, de figuras e de anexos, 42
    notas de rodapé, 42
    numeração das páginas, 42
    referências bibliográficas, 42
    subtítulos, 41
    tabelas, 41
    texto, 40
    títulos, 41
Dissertação
    corpo da, 12
    estrutura da, 11
    lista de capítulos e seções comumente incluídos numa, 12

E

Espaçamento
    em citações, 41
    em figuras, 41
    em folha de rosto, 39
    em índice, 40
    em listas de tabelas, de figuras e de anexos, 42
    em notas de rodapé, 42
    em parágrafos, 40
    em referências bibliográficas, 42
    em tabelas, 41
    em texto, 40
    em títulos e subtítulos, 41, 77-81
    informações gerais, 39
Estilo, da redação técnico-científica
    princípios básicos, 21
    recomendações gerais, 23

F

Figuras
    disposição gráfica, 41
    instruções sobre, 36
    lista de, 12, 42
    modelo de, 65
Folha de apresentação, instruções sobre, 43
Folha de rosto
    disposição gráfica, 39
    descrição da, 11
    modelo de, 57
Fontes bibliográficas
    citações, 23
    indicação no texto, 23
    obras e autores, 25

G

Glossário de termos técnicos, 47-53

H

Hipóteses, 4

I

Importância do estudo, 2
Índice
    disposição gráfica, 40
    instruções sobre, 12
    modelo de, 61
    numeração, 12, 63

J

Jornais, artigos. *Ver* Referências bibliográficas

L

Leis. *Ver* Referências bibliográficas
Lista de tabelas. *Ver* Tabelas
Livros. *Ver* Referências bibliográficas

M

Maiúsculas, uso de, 38
Margens. *Ver* Papel e margens
Medida, instrumentos de, 6
Memorial para ingresso em concurso, 203
Metodologia, 6
Modelos. *Ver* Anexos
Monografia, estrutura da, 17
    características da, 17
    conclusão, 18
    corpo da, 19
    desenvolvimento, 18
    escolha do tema e definição dos objetivos, 17
    fase de
        documentação, 18
        elaboração da, 18
    introdução, 18
    preliminares, 19

N

Notas de rodapé
    disposição gráfica, 39
    instruções sobre o uso, 37
Numeração
    da folha de apresentação, 43
    da folha de rosto, 11
    da página de agradecimento, 11
    da página de aprovação, 11, 59
    da parte pré-textual, 11, 42
    das figuras, 36
    das notas de rodapé, 37
    das páginas da dissertação, 42
    das tabelas, 36
    do corpo da dissertação, 12
    do índice, 12
    dos capítulos, 13
Números
    emprego de, 37
    espaçamento de, 77

O

Obras e autores
    citações, 23
    referências bibliográficas, 28
Objetivo, 2

ÍNDICE ALFABÉTICO

P

Página(s)
   de agradecimento, descrição, 11
   de aprovação
      descrição, 11
      modelo de, 59
      numeração das, 42
Papel e margens, 39
Parágrafo. *Ver* Espaçamento
Pareceres. *Ver* Referências bibliográficas
Pesquisa
   capítulos que compõem a, 1
   projeto, estrutura do, 1-9
      exemplo, 89-220
   resumo de, 12
   tipos de
      bibliográfica, 9
      correlacional, 8
      estado da arte, 9
      etnográfica, 8
         exemplo, 133
      ex post facto, 8
         exemplo, 120
      experimental, 8
         exemplo, 91
      filosófica, 9
      histórica, 8
         exemplo, 107
      levantamento, 8
População, 6
Preliminares. *Ver* Pré-textual
Pré-textual
   folha de rosto, 11
   índice, 12
   lista de tabelas, figuras e anexos, 12
   página de agradecimento, 11
   página de aprovação, 11
   resumo/*abstract*, 12
Problema, 2
Projeto. *Ver* Pesquisa

Q

Questões de estudo, 4

R

Redação
   clareza da, 21
   recomendação, 23
Referencial teórico, 3
Referências bibliográficas (ABNT), 15
   autor (sociedade, associação ou similar), 27
   de apostilas, 35
   de artigos
      em jornais, 34
      em revistas não especializadas com autor, 34
   de dissertações e teses não publicadas, 33
   de documentos federais, estaduais e municipais, 27, 34
   de documentos governamentais, 27
   de leis, 27
   de livros
      capítulo ou artigo em livros de texto, 33
      com autor único, 27, 32
      com mais de um autor, 27, 32
      de autoria de sociedades, associações, entidades públicas ou similares, 27, 33
      em edições revisadas, 33
      organizados, 33
      traduzidos, 32
   de materiais não impressos, 35
   de pareceres, 27
   de publicação com circulação restrita, 34
   de revista(s)
      com autor único, 27
      com mais de um autor, 27
      não especializadas com autor, 34
   de trabalhos
      não publicados apresentados em encontros, congressos e simpósios, 33
      publicados em anais de congressos, 33
   disposição gráfica, 32-35
   folha de apresentação, 43
   monografia não publicada, 34
   posição no índice, 40
   relatório de pesquisa não publicado, 33
Referências bibliográficas (APA), 28-32
   autor (sociedade, associação ou similar), 25
   de apostilas, 30
   de artigos
      em jornais, 31
      em revistas não especializadas com autor, 31
   de dissertações e teses não publicadas, 29
   de documentos federais, estaduais e municipais, 31
   de documentos governamentais, 25
   de leis, 25
   de livros
      capítulo ou artigo em livros de texto, 29
      com autor único, 25, 28
      com mais de um autor, 25, 28
      de autoria de sociedades, associações, entidades públicas ou similares, 25, 29
      em edições revisadas, 29
      organizados, 29
      traduzidos, 29
   de materiais não impressos, 30
   de pareceres, 25
   de publicação com circulação restrita, 30
   de revista(s)
      com autor único, 25, 30
      com mais de um autor, 25, 30
      não especializadas com autor, 31
   de trabalhos
      não publicados apresentados em encontros, congressos e simpósios, 30
      publicados em anais de congressos, 30
   disposição gráfica, 28-35
   folha de apresentação, 43
   monografia não publicada, 30
   posição no índice, 40
   relatório de pesquisa não publicado, 30
Resultados, apresentação e discussão dos, 15
Resumo, 12
Revisão de literatura, 13, 5
Revistas. *Ver* Referências bibliográficas

S

Seções e subseções
   de projetos de diferentes tipos de pesquisa, 8
   destaques (ordenação), 12
   disposição gráfica, 41
   lista comumente incluída numa dissertação ou tese, 13-15
Siglas. *Ver* Abreviaturas e siglas
Situação-problema, 2
Subseções. *Ver* Seções e subseções
Subtítulos. *Ver* Títulos e subtítulos

T

Tabelas
   listas de, 12, 42
      modelo de, 65
   disposição gráfica de, 41
   instruções sobre as, 36
   modelo de, 73
   posição no índice, 40
Termos técnicos, glossário de, 47-53
Tese
   corpo da, 12
   estrutura da, 11
Texto
   corpo da dissertação, 1
   disposição gráfica, 40
Textual. *Ver* Corpo do trabalho
Títulos e Subtítulos
   disposição gráfica de, 41, 77
   ilustração do posicionamento, 77-81

U

Uniformização
   redacional, 21-38
      abreviaturas e siglas, 38
      alíneas, 36
      citações, 23, 26
      estilo, 23, 26
      figuras, 36
      maiúsculas, uso de, 38
      notas de rodapé, 37
      números, emprego de, 37
      obras e autores, 25, 27
      referências bibliográficas, 28
      tabelas, 36
   gráfica. *Ver* Disposição gráfica

Pré-impressão, impressão e acabamento

grafica@editorasantuario.com.br
www.editorasantuario.com.br
Aparecida-SP